INVENTIONS

ET

DÉCOUVERTES,

DEPUIS LA CRÉATION DU MONDE JUSQU'A NOS JOURS,

Par Fabien.

PARIS,

IMPRIMERIE ET LIBRAIRIE NORMALE DE PAUL DUPONT ET Cⁱᵉ,

Rue de Grenelle-St-Honoré, nº 55.

1835.

INTRODUCTION.

L'histoire des découvertes de l'homme, c'est l'histoire de ses besoins. L'homme dans les premiers siècles du monde fut simple; ses désirs furent peu nombreux : il s'ensuivit que ses découvertes furent rares; mais cependant quelques unes se firent et en nécessitèrent de nouvelles : l'homme, après avoir inventé, désira d'inventer encore. Les enfants reçurent avec reconnaissance l'héritage des découvertes de leurs pères, et s'appliquèrent à léguer également à leurs propres héritiers de nouveaux progrès et des richesses accrues.

C'est donc au berceau de la création qu'il faudra remonter pour découvrir l'origine des premiers essais de l'esprit humain; mais, à l'exception de quelques faits, l'histoire des découvertes de l'homme ne pourra se faire qu'à l'aide de probabilités, de tâtonnements : nos indications n'offriront guère un caractère de certitude et de précision que lorsque nous aurons atteint les temps modernes, c'est-à-dire les siècles du christianisme; alors notre marche sera plus ferme, car nous pourrons nous appuyer dans nos recherches sur des monuments authentiques et des faits incontestables.

INVENTIONS

ET

DÉCOUVERTES.

PREMIÈRE PARTIE.

CHAPITRE Iᵉʳ.

Premiers essais de l'homme après la création. — Agri-
culture. — Abel, Caïn, Noé.

Nous nous abstiendrons de reproduire ici les diverses opinions qui ont été émises sur la création
du monde et sur ses premiers habitants; nous nous
contenterons de rechercher quels ont été les premiers essais de l'homme.

Placé au milieu de la nature, l'homme eut d'abord
à l'admirer; à s'en servir, à la combattre quelquefois; bientôt la multiplication des habitants de la
terre nécessita des liens entre eux : la première invention des hommes fut donc, s'il m'est permis de
m'exprimer ainsi, la société humaine. Elle commença par la famille, où le père gouvernait ses enfants et les enfants de ses enfants.

C'est à cette époque primitive que remonte la
découverte du premier et du plus utile de tous les

arts, la découverte de l'agriculture. L'Écriture sainte, ces archives immortelles de la société naissante, nous montre les fils d'Adam comme les premiers agriculteurs. « Abel, dit la Bible, fut berger, Caïn fut laboureur. » Et nous les voyons tous deux offrir au Créateur les produits de leurs travaux, l'un des fruits de la terre, l'autre les premiers nés de son troupeau.

Les diverses inventions humaines dans les temps qui précédèrent le déluge, nous sont transmises par l'Écriture sainte avec un peu d'obscurité. On y voit cependant que les descendants de Caïn continuèrent les travaux de leur père et surent augmenter par des essais nouveaux leurs récoltes et leurs richesses. Jubal inventa les instruments de musique et apprit aux hommes à en jouer. Tubal-Caïn forgea le premier toutes sortes d'outils d'airain et de fer ; et c'est à Nahama, sœur de ce dernier, qu'on attribua l'art de filer le chanvre et la laine des troupeaux pour en faire des étoffes.

Telles furent les premières inventions dont nous parle la Bible. On a en outre prétendu que l'écriture avait été découverte avant le déluge ; mais cette opinion n'a point prévalu, non plus que celle qui en attribue l'invention aux Phéniciens, puisque nous verrons, au 22ᵉ siècle avant Jésus-Christ, un roi d'Égypte établir la première bibliothèque dont parle l'histoire, à l'époque même à laquelle on rapporte la fondation de la première ville de Phénicie.

Noé, après le déluge, planta la vigne, et le premier en obtint une boisson dont il connut bientôt les effets. Les fils de Noé se livrèrent également aux travaux de l'agriculture et de la vie pastorale. Mais le sol qui avait nourri pendant un siècle une première famille, ne put bientôt contenir les enfants dont chaque année voyait la naissance; des séparations entre les familles devinrent nécessaires : on émigra; il fallut traverser des forêts, se frayer des routes, passer des fleuves, conserver les aliments, féconder par la culture des terres privées jusque-là d'habitants; le seul fait de cette émigration des familles nous révèle déjà de nombreuses inventions dont l'histoire ne nous a point transmis les détails. Les familles s'établissant ainsi sur les différents points de la terre, y rencontrèrent des besoins nouveaux qu'il leur fallut satisfaire par de nouveaux efforts. Car le ciel n'était plus le même; il fallait à l'homme des abris pour sa famille, comme pour les récoltes exposées aux rigueurs des climats : les matériaux avec lesquels ces refuges étaient construits différaient selon les lieux; et l'on retrouve déjà dans ces essais informes l'origine de l'architecture.

CHAPITRE II.

22e, 21e et 20e siècles avant Jésus-Christ. — Ponts sur l'Euphrate. — Jardins suspendus de Babylone. — Première bibliothèque en Égypte. — Sidon, première ville de Phénicie. — Médecine, embaumements. — Mathématiques. — Taille des pierres. — Pyramides.

Obligés, faute de documents historiques, de passer rapidement sur les dix-neuf premiers siècles qui s'écoulèrent depuis la création du monde, nous reprenons l'histoire des découvertes de l'esprit humain au 22ᵉ siècle avant la naissance de Jésus-Christ, c'est-à-dire à l'époque où l'on rapporte les règnes de Menès ou Mesraïm en Égypte et de Sémiramis en Assyrie. Mais les noms seuls de ces deux empires annoncent déjà que nous retrouvons à cette époque l'humanité dans un état de progrès bien avancé. La terre est peuplée; de nombreuses villes ont été fondées; de toutes parts le sol s'est amélioré sous la main laborieuse des hommes. La guerre a déjà commencé ses ravages et fondé le règne de la force; les armes offensives, les moyens de défense sont inventés; les violences exercées ont nécessité des traités d'alliance; la civilisation a déjà pris dans quelques parties de la terre une forme régulière, et ses progrès seront désormais plus rapides. Nous apercevons déjà des sciences naissantes, des beaux-arts qui s'annoncent par des monuments durables, et des hommes qui songent à laisser à leurs successeurs des témoignages de leurs travaux ou de leur orgueil.

C'est dans le 22ᵉ siècle en effet que Sémiramis, reine d'Assyrie, jette des ponts sur l'Euphrate, construit dans Babylone ces célèbres jardins suspendus que l'histoire a placés au nombre des merveilles du monde, et qu'elle entoure la capitale de son empire de murs épais qui doivent la garantir contre les attaques du dehors.

Dans le même temps Osymandias, l'un des successeurs de Menès, rassemblait en Égypte les pre miers produits de l'intelligence humaine en fondant la première bibliothèque. C'est ici que nous devons rappeler ce que nous avons dit dans le chapitre précédent au sujet de l'invention de l'écriture. Cet art, dont la découverte est cachée dans l'obscurité des premiers siècles, ne saurait être attribué aux Phéniciens, puisque c'est à l'époque même qui nous occupe que l'on rapporte que Sidon jeta, sur les bords de la Méditerranée, les fondements de la première ville de Phénicie.. La part de gloire des Phéniciens, peuple commerçant, ne peut donc consister désormais que dans la communication qu'ils firent aux autres peuples, de la belle découverte qu'ils avaient reçue des Égyptiens.

C'est encore sur la terre d'Égypte que semble avoir pris naissance, dans les 22ᵉ 21ᵉ et 20ᵉ siècles avant Jésus-Christ, l'art d'embaumer les corps. Les premiers principes de l'arithmétique et de la géométrie y furent également découverts. Les Égyptiens ont attribué à Tosorthus, l'un des successeurs de Menès, l'invention de la taille des pierres, et déjà des rois d'Égypte ont élevé ces fameuses pyramides qui devaient conserver jusqu'à nous, en traversant les siècles, le souvenir de leur grandeur et des souffrances de leurs sujets.

CHAPITRE III.

19ᵉ, 18ᵉ, 17ᵉ, 16ᵉ et 15ᵉ siècles avant Jésus-Christ.— Astronomie en Chaldée. — Prométhée, sculpteur. — Vases d'argile. — Sphère. — Art de préparer les peaux de bêtes. — Législation de Moïse. — Fondation d'Athènes. — Aréopage. — Alphabet en Grèce. — Progrès de l'agriculture. — Monnaies d'or et d'argent. — Jeux de hasard.

Les émigrations volontaires ou forcées des peuples les plus civilisés portaient dans des terres nouvelles les découvertes de l'Égypte et de l'Assyrie. Les Chaldéens, peuples pasteurs, avaient, en cherchant à se guider d'après les étoiles, découvert les premières notions d'astronomie; et dans les siècles dont nous nous sommes précédemment occupés, Bélus, qui régna en Assyrie, avait déjà réuni ces notions et inventé les premières méthodes astronomiques. Une partie des inventions de l'Orient commença à pénétrer parmi les peuplades, alors sauvages et ignorantes, de la Grèce; ces premières importations dès sciences et des arts furent dues principalement aux relations commerciales des Phéniciens dès le 19e siècle avant Jésus-Christ, et aux colonies qu'ils ne tardèrent point à fonder. C'est dans ce siècle que l'on place les conquêtes de Jupiter et son règne dans l'île de Crète.

En 1800 avant Jésus-Christ, la religion des Grecs s'établit. Les peuples se rappelant les conquêtes de Jupiter, en font un dieu. Bientôt le hasard ou l'observation apprend à Prométhée comment on peut tirer le feu des cailloux, et les hommes admirant sa découverte pensent qu'il a dérobé le feu du ciel : le même inventeur reproduit les formes humaines avec de la terre amollie par l'eau ; il invente ainsi la sculpture et se voit accusé d'avoir voulu, dans son ambition, détrôner l'Être-Suprême et créer des hommes. Épiméthée, son frère, rend aux Grecs un nouveau service en leur apprenant à faire des vases d'argile. Atlas, comme Prométhée, se voit l'objet de l'admiration des peuples qui s'imaginent qu'il soutient le monde sur ses épaules parce qu'il invente la sphère et la géographie.

C'est dans ce temps que Joseph, fils de Jacob, gouvernait l'Égypte sous Pharaon ; la Bible nous montre à quel point les arts étaient déjà parvenus chez les Égyptiens agriculteurs dont les récoltes venaient, dans un temps de disette, au secours des autres peuples orientaux.

On commence à trouver, dans le 18e siècle, quelques notions assez précises sur l'existence de l'empire de la Chine. Tching-Tong, fondateur de la dynastie des Chang, passe pour avoir enseigné la manière de préparer la peau des animaux en ôtant les poils avec des rouleaux de bois. Nous verrons dans la suite de cette histoire que les Chinois s'attribuent une foule de découvertes ingénieuses dont l'invention ou l'usage ne s'est introduit chez les autres peuples qu'à des époques plus rapprochées de nous.

Aux 17e, 16e et 15e siècles les progrès de l'humanité continuent avec rapidité. La plus belle législation du monde, établie par Moïse, doit traverser les siècles et préparer la religion chrétienne. Un autre conquérant moins célèbre que Moïse, mais comme lui parti de la terre d'Égypte, Cécrops s'établit en Grèce et fonde la ville d'Athènes ; il apporte avec lui l'art de cultiver le blé et l'olivier. L'institution du tribunal de l'aréopage est également attribuée à ce prince. Cadmus, venu de Phénicie, bâtissait à la même époque la ville de Thèbes en Béotie et répandait en Grèce la connaissance de l'alphabet phénicien.

Les livres de Moïse, les traditions des peuples de la Grèce, nous font voir déjà combien était avancé dans ce temps l'art de l'agriculture. La charrue était inventée depuis long-temps, sans que le nom de son inventeur nous ait été transmis par la tradition; et Moïse défendait aux Hébreux d'atteler à une même charrue un bœuf et un mulet. C'est même à l'utilité du bœuf pour la culture de la terre que l'on doit attribuer le culte des Égyptiens pour le bœuf Apis.

D'un autre côté, les habitants de la Lydie inventèrent dans le 16e siècle avant Jésus-Christ les premières monnaies d'or et d'argent; et c'est à ces mêmes peuples et à la même époque, que l'on attribue l'invention funeste des jeux de hasard.

CHAPITRE IV.

Progrès de l'architecture et des arts. — Pompe. — Verre. — Géographie. — 14e siècle avant Jésus-Christ. — Cordes de boyau. — Musique. — Esculape. — 13e et 12e siècles avant Jésus-Christ. — Écriture en Italie. — Commerce et navigation. —

Scie, compas, roue pour les potiers. — Jeu d'échecs.
— Boussole connue des Chinois.

Nous avons dit comment les livres de Moïse nous révélaient les progrès de l'agriculture chez les Egyptiens ; c'est encore l'Exode qui nous apprend à quel point les arts avaient également progressé chez ce peuple industrieux, dont les travaux avaient instruit les Hébreux conduits par Moïse. Les détails de la construction de l'arche sainte, détails qu'il nous est impossible de reproduire ici, montrent les immenses progrès de l'architecture ainsi que de l'art de travailler les métaux. Les *deux chérubins d'or* sculptés dans l'arche, les vases ciselés, la construction même du *veau d'or* dans le désert, nous apprennent que la sculpture, art tout nouveau et presque dans l'enfance chez les Grecs à cette époque, avait déjà atteint en Égypte un assez haut degré de perfectionnement.

Aux inventions que nous avons déjà signalées dans le chapitre précédent comme appartenant au 15ᵉ siècle avant l'ère chrétienne, nous devons ajouter ici la découverte de la pompe, faite en Grèce, et la fabrication du verre par les Phéniciens. Disons encore que c'est à la même époque que les traditions grecques ont placé Cérès et Triptolème qui passent pour avoir perfectionné dans la Grèce l'agriculture et que la reconnaissance des peuples a déifiés.

Un autre fait historique que nous transmet la Bible est l'espèce de travail géographique ordonné par Josué dans la terre de Chanaan, et qui nous atteste les progrès de la géographie.

Au 14e siècle nous voyons la poésie et la musique cultivées en Grèce. Les noms d'Amphion et d'Orphée nous rappellent l'existence de la lyre et les essais de la mélodie. Mais cette lyre, dont les cordes se fabriquèrent d'abord avec du fil de lin, avait à peine rendu ses premiers sons sous la main de son inventeur, que Linus substitua à ces cordes peu sonores des cordes vibrantes filées avec des intestins d'animaux.

Un autre art, celui de la médecine, était en même temps cultivé par le poète Orphée, tandis qu'Esculape, le père de la chirurgie, formait de ses observations une science qui devait bientôt lui faire élever des autels.

C'est à l'an 1300 avant Jésus-Christ que remonte l'importation des caractères de l'écriture en Italie. Cette importation est attribuée par les anciens au Grec Evandre qui dota en outre la même contrée de plusieurs autres découvertes de son pays natal.

La navigation et le commerce ont déjà, au siècle dont nous parlons, acquis d'assez grands développements. L'expédition des Argonautes, les voyages d'Hercule, la fondation de Carthage par les Phéniciens, et des notions vagues sur l'exploitation de mines d'or, d'argent et de fer dans les Gaules par des colonies orientales, nous montrent que le génie humain s'était déjà manifesté par les entreprises les plus hardies.

Des inventions de la plus grande utilité, celles de la scie, du compas, et de la roue que les potiers emploient dans la fabrication des vases d'argile, sont attribuées à Perdix; c'est à la même époque que Palamède inventa le jeu d'échecs.

Nous terminerons ce chapitre en mentionnant la prétention qu'ont les Chinois de faire remonter jusqu'au 12ᵉ siècle avant Jésus-Christ, c'est-à-dire environ 26 siècles avant la découverte de l'Amérique, la connaissance de la boussole.

CHAPITRE V.

11ᵉ, 10ᵉ, 9ᵉ, 8ᵉ et 7ᵉ siècles avant Jésus-Christ. — Temple de Salomon. — Vers-à-soie. — Homère. — Peinture. — Galères à trois rangs de rames. — Cadrans. — Fondation de Rome. — Aquéducs. — Écoles. — Éclipses. — Voyage autour de l'Afrique.

Dans les 11ᵉ et 10ᵉ siècles avant Jésus-Christ peu de découvertes nouvelles nous sont signalées chez les peuples dont nous nous sommes plus spécialement occupés jusqu'ici; seulement les progrès continuent: ceux de l'architecture, attestés précédemment par la construction de l'arche, nous sont encore révélés ici par la Bible dans les détails qu'elle nous donne au sujet de l'édification du temple de Salomon.

Mais une industrie immense, qui plus tard doit occuper des millions de bras en Europe, commence à poindre dans le fond de l'Orient; nous voulons parler de la culture des vers-à-soie chez les Chinois et de l'établissement de plusieurs manufactures en Chine pour la fabrication de ces riches tissus qui ne doivent que bien long-temps après devenir d'un usage presque général en Europe.

C'est à la même époque, au temps où Salomon écrivait ses livres devenus si célèbres, que l'antiquité rapporte l'existence d'Hésiode et d'Homère.

Au 9ᵉ siècle, un Corinthien nommé Cléophante inventa la peinture; mais il n'employa dans ses travaux qu'une seule couleur : ce ne fut que dans le 8ᵉ siècle que Bularchus fit usage de plusieurs couleurs et traça véritablement par cette découverte la route que devait suivre cet art.

La navigation tendait tous les jours à se perfectionner et à s'étendre ; déjà, comme nous l'avons dit, de grandes entreprises, des colonies nombreuses avaient prouvé l'audace et les ressources des hommes dans leurs travaux maritimes. Les Corinthiens, au 8ᵉ siècle, donnèrent un nouvel élan à l'art de la navigation par l'invention des *trirèmes* ou galères à trois rangs de rames. C'est à la même époque que l'on prétend que les cadrans furent inventés à Babylone par un nommé Achus.

Mais un grand fait historique vient se placer dans le siècle qui nous occupe et doit avoir la plus grande influence sur l'avenir des peuples. Dans l'année 753 avant Jésus-Christ, Romulus jette les fondements de Rome sur les bords du Tibre. A peine ce fait est-il accompli que de grands progrès s'annoncent dans la ville nouvelle sous le sage Numa, successeur de Romulus et premier législateur des Romains. Bientôt après, dans le 7ᵉ siècle, Tarquin l'ancien, 5ᵉ roi de Rome, construisit de magnifiques aquéducs et fonda quelques écoles pour l'étude des lettres dont la connaissance commençait à se répandre en Italie.

Les sciences continuent leur progrès en Orient. Thalès de Milet, l'un des sept sages de la Grèce, s'applique à l'astronomie et calcule le premier les éclipses de lune et de soleil, tandis que la géographie reçoit une nouvelle impulsion d'un voyage autour de l'Afrique entrepris par les Egyptiens et les Tyriens.

CHAPITRE VI.

6ᵉ et 5ᵉ siècles avant Jésus-Christ. — Solon et Pythagore. — Temple de Delphes et d'Ephèse. — Bibliothèque publique à Athènes. — Académie à Marseille. — Astronomie ; première sphère artificielle. — Table de Pythagore. — Postes. — Tragédie. — Progrès de la sculpture et de la peinture ; peinture sur émail. — Médecine, Hippocrate.

Les 6ᵉ et 5ᵉ siècles avant l'ère chrétienne nous montrent enfin la Grèce parvenue au plus haut degré de gloire. Nous voyons dans le 6ᵉ siècle Pythagore et Solon se transporter à la cour d'Amasis pour y consulter les livres égyptiens : l'un donnera bientôt aux Athéniens une législation pleine de sagesse, et l'autre établira les bases d'une école philosophique.

L'architecture se manifeste dans toute sa splendeur au 6ᵉ siècle par la construction des temples d'Ephèse et de Delphes, dont tous les peuples viendront consulter les oracles, et qui donneront à tous les âges

à venir les plus beaux modèles des grandes proportions architecturales.

Dans le même siècle, Pisistrate fonde à Athènes
la première bibliothèque publique, tandis que Marseille, ville gauloise, fondée par une colonie de Pho-
céens, voit s'établir une académie qui plus tard four-
nira à son tour de nombreux savants à l'univers.
Anaximandre et Pythagore s'appliquent avec ardeur
aux découvertes astronomiques ; le premier de ces
deux philosophes établit en 575 la fixation des sol-
stices et des équinoxes et construit la première sphère
artificielle. Nous devons aussi rappeler les travaux
de Pythagore dans les sciences mathématiques : nous
n'aurons, pour les constater, qu'à citer la table de
multiplication qui a gardé le nom de son auteur.
C'est à peu près à la même époque que l'on rapporte
que Cyrus, roi de Perse, établit les premières postes
dans ses états.

Les belles-lettres marchent rapidement en Grèce
vers leur perfectionnement. En 534 la tragédie prend
naissance sur le chariot rustique de Thespis. Cet
art, si grossier d'abord, prend une forme plus polie
et plus régulière, en 480, sous Euripide ; et Sopho-
cle en 470, Eschyle en 436, le portent à un degré de
perfection qu'il n'a point dépassé dans les siècles modernes.

La sculpture et la peinture firent également, au
5ᵉ siècle avant Jésus-Christ, de rapides progrès :
le Jupiter-Olympien de Phidias est le chef-d'œuvre
qui doit servir de modèle aux sculpteurs à venir. Tandis que des hommes de génie, à la tête desquels nous

devons signaler Zeuxis, élevaient au plus haut degré la peinture, art à peine sorti de l'enfance jusque-là, la peinture sur émail était inventée par Arcésilas, de Paros. Enfin, ce fut en 460 que la médecine devint véritablement une science, grâce au génie d'Hippocrate qui posa les bases sur lesquelles devront désormais s'appuyer tous ceux qui viendront après lui.

Dans le même siècle, Socrate, le plus grand des philosophes de la Grèce, propageait les principes d'une philosophie nouvelle, démontrait l'unité de Dieu, et, précurseur de Jésus-Christ, mourait pour la vérité.

CHAPITRE VII.

4ᵉ et 3ᵉ siècles avant Jésus-Christ. — Voyages. — Astronomie. — Histoire naturelle. — Progrès des beaux-arts. — Fondation d'Alexandrie. — Bibliothèque; Version des Septante. — Premier phare. — Horloges d'eau. — Papier de soie; parchemin. — Archimède : vis, pesanteur des corps, miroirs incendiaires. — Belles-lettres en Italie.

L'époque à laquelle nous sommes arrivés, et qui touche de bien près à la civilisation chrétienne, nous présente les arts humains parvenus à un haut degré de perfection. Nous les avons vus se former et se développer sur toute la terre; la poésie, les sciences, l'éloquence ont avancé d'un pas égal. Les Carthaginois sous la conduite d'Hannon visitent les côtes occidentales de l'Afrique et découvrent Madagascar ; un autre navigateur carthaginois, Imilcon, aborde dans la Grande-Bretagne. Toutes les sciences s'enrichissent d'observations nouvelles. Au 4e siècle, Philolaüs annonce le véritable système du monde en soutenant que la terre opère sa révolution autour du soleil en tournant sur elle-même. Aristote rassemble toutes les notions, toutes les traditions d'histoire naturelle. Apelle et Praxitèle s'immortalisent, l'un comme peintre, l'autre comme sculpteur. Le génie d'Euclide s'applique à créer la science de la géométrie.

En 332 avant Jésus-Christ, Alexandre-le-grand fonda Alexandrie en Egypte ; et cette ville, héritière des antiques notions conservées chez les Egyptiens, devint bientôt le nouveau foyer d'où les sciences et surtout l'astronomie se répandirent dans l'univers. C'est là que Ptolémée-Philadelphe, protecteur des sciences et des arts, rassembla tous les manuscrits de la Grèce et de l'Egypte, fonda une bibliothèque publique qu'il enrichit de la célèbre *Version des Septante* ou traduction de la Bible des Hébreux. C'est à ce prince que fut due la construction du phare d'Alexandrie, le premier qui ait existé. Et c'est encore en Egypte que nous devons considérer comme la patrie de toutes les connaissances humaines, que furent inventés les clepsydres ou horloges d'eau.

D'un autre côté, dans le 3e siècle, les Chinois commencèrent à fabriquer le papier de soie ; et Eumène, roi de Pergame, préparait la multiplication des manuscrits par l'invention du parchemin.

La physique et la mécanique sont, à la même

époque, redevables des plus grands progrès qu'ils aient faits dans l'antiquité à l'illustre Archimède. La vis, la pesanteur spécifique des corps, les miroirs incendiaires, sont des découvertes dues au génie de ce grand homme, qui mourut victime de son zèle pour la science.

Les belles-lettres en même temps brillaient d'un éclat soutenu. L'Italie commençait à voir la poésie s'élever dans son sein. C'est au 5ᵉ siècle, en effet, que l'on rapporte l'existence des poètes Ennius, Mævius et de Plaute, dont les comédies sont encore aujourd'hui considérées comme des chefs-d'œuvre. Mais ce n'était que deux siècles plus tard que la littérature latine devait briller de son plus vif éclat.

CHAPITRE VIII.

2° et 1ᵉʳ siècles avant Jésus-Christ. — Luxe des Romains. — Agriculture. — Beaux-arts et belles-lettres. — Pompes aspirantes. — Papier. — Panthéon. — Bains publics. — Calendrier.

Les deux derniers siècles qui s'écoulèrent avant la naissance de Jésus-Christ forment peut-être l'époque la plus brillante de l'histoire ancienne, par l'importance des événements qui se succédèrent alors dans le monde. Ce fut le temps de la toute-puissance de Rome ; mais ce fut aussi le temps des plus grands troubles et des guerres civiles. C'est pour cela sans doute que les historiens de cette époque se sont bien plus occupés dans leurs ouvrages des grands événements politiques et des désastres causés par l'ambition des Marius, des Sylla, des César, et des guerres terribles d'Antoine et d'Octave se disputant l'empire du monde, que de ces faits matériels et pourtant bien précieux qui témoignent du génie inépuisable et de l'activité de l'industrie humaine. Nous ne connaissons donc guère ces progrès de l'humanité que par les résultats qu'ils nous offrent dans la suite des temps ; et quand nous trouvons dans l'histoire quelque tableau du luxe extrême que déployait Rome énervée par les richesses, nous ne pouvons qu'accepter comme des faits accomplis les nombreuses inventions que nous présente ce tableau, sans en préciser ni l'origine ni l'inventeur.

Nous tâcherons pourtant d'indiquer dans notre résumé quelques progrès qui se rapportent aux deux siècles auxquels nous sommes parvenus.

L'agriculture avait cessé depuis long-temps d'être auprès des Romains en aussi grand-honneur qu'au temps où les généraux étaient tirés de leur charrue pour commander les armées, mais quelques grands citoyens conservaient encore à cette noble science le culte que les Romains oubliaient de lui rendre ; tandis que les intrigues du Forum occupaient dans la ville les ambitions du plus grand nombre, le sage Caton se délassait aux champs de ses travaux du sénat en composant son *Traité de l'agriculture*, et déplorait la corruption de ses concitoyens qui confiaient les travaux champêtres aux mains de leurs esclaves.

Mais si l'agriculture se voyait délaissée par les Romains du 2ᵉ siècle avant Jésus-Christ, les arts et la poésie commençaient à fleurir à Rome ; Lucilius le satirique et Térence le poëte comique préparaient par leurs travaux le goût des belles-lettres qui dans le siècle suivant devait enfanter les ouvrages de Virgile, d'Horace, de Tite-Live et de Cicéron.

D'un autre côté, Alexandrie en Égypte continuait, au 2ᵉ siècle, d'être le foyer des sciences. L'astronomie y faisait de nouveaux progrès, grâce aux travaux d'Hipparque ; dans le même temps Héron y inventait les pompes aspirantes qui font monter l'eau par la pesanteur de l'air. C'est encore au 2ᵉ siècle avant l'ère chrétienne que l'on rapporte l'invention du papier par les Chinois.

Au 1ᵉʳ siècle avant Jésus-Christ, tout ce que le luxe peut faire naître de plus délicat et de plus agréable aux yeux semble s'être rassemblé dans Rome ; c'est l'époque où l'architecture romaine élève le Panthéon et ces bains publics dont les ruines pompeuses nous attestent encore aujourd'hui la magnificence.

Enfin nous ne devons pas oublier que c'est dans le siècle qui précéda la naissance de Jésus-Christ que Flavius et Sosigènes, par l'ordre de Jules César, réformèrent le calendrier et substituèrent l'année solaire de 365 jours à l'année lunaire telle que l'avait réglée Numa, 2ᵐᵉ roi de Rome.

DEUXIÈME PARTIE.

CHAPITRE IX.

Ère chrétienne. — 1ᵉʳ siècle. — Luxe des Romains. — Architecture. — Arcs de triomphe, amphithéâtres. — Bibliothèques. — 2ᵐᵉ siècle. — Voyages et géographie. — Monuments : colonne Trajane, arènes de Nîmes, pont du Gard.

Nous avons vu jusqu'ici les arts, les sciences, l'industrie, le commerce, prendre naissance dans l'Orient pour se propager ensuite dans l'Europe; nous devons encore à l'Orient la doctrine sublime du christianisme qui, repoussée de son berceau, vint choisir l'Europe pour foyer et changer la face de l'univers en établissant des liens plus étroits entre les hommes, entre les nations. Plus tard aussi l'enthousiasme religieux, le désir ardent de protéger et d'étendre le culte chrétien nécessitera ces voyages de missionnaires, ces croisades lointaines dont un des principaux résultats sera de rapporter à l'Europe des inventions utiles, des trésors industriels rencontrés sur la terre d'Orient.

Mais les grands effets que devait produire la religion chrétienne ne se manifestèrent que lorsque plusieurs siècles lui eurent permis de s'établir avec sécurité dans les diverses parties de l'empire romain. A l'époque à laquelle nous reprenons l'historique des travaux de l'humanité, c'est-à-dire dans le 1ᵉʳ siècle de l'ère nouvelle, les sciences et les arts n'avaient pas encore changé leur mode de progrès ; et l'industrie humaine ne se portant que sur les objets de luxe et de commodité, c'était toujours aux nations amollies de l'Asie que Rome empruntait ses inventions et ses mœurs.

Le luxe des Romains parvint au siècle d'Auguste et sous le règne de ses successeurs à son plus haut degré de raffinement. Toutes les commodités les plus recherchées avaient effacé pour jamais la simplicité des beaux jours de la république, et les arts rustiques étaient négligés. Aussi voyons-nous alors les Romains, jadis si durs pour eux-mêmes, se coucher dans le duvet et sur des lits d'ivoire ou d'argent ciselé. Les parfums, les fourrures, les soieries apportées à grands frais de la Perse et de l'Inde, sont devenus des objets de première nécessité pour les citoyens opulents. Il paraît également constant que l'art de vitrifier le sable n'était pas ignoré à cette époque.

Cependant l'architecture florissait toujours en Italie. Le Panthéon s'enrichit sous Auguste des belles sculptures de Diogène l'Athénien. L'empereur Claude entreprit quelques travaux utiles et notamment le desséchement du lac Fucin et la construction du port d'Ostie. Des amphithéâtres furent construits ensuite sous Vespasien et Titus ; ce dernier empereur éleva un arc de triomphe dont les ruines subsistent encore.

Les belles-lettres et les sciences jetèrent encore quelque éclat à Rome sous les derniers Césars ; les ouvrages de Sénèque, de Pline le naturaliste et surtout de l'historien Tacite montrent qu'on n'avait pas encore oublié les beaux modèles du règne d'Auguste. Domitien lui-même rendit aux belles-lettres un service signalé en rétablissant les bibliothèques que l'incendie de Rome, sous Néron, avait entièrement détruites. Ce fut dans le même temps que Saint-Pierre et Saint-Paul subirent le martyre en prêchant la foi chrétienne.

Le commerce dut alors aux besoins du luxe un grand accroissement; des voyages entrepris dans l'intérieur de l'Afrique et dans les contrées lointaines de l'Asie pour alimenter ce luxe firent faire de grands progrès à la science de la géographie; il paraît même que les Chinois envoyèrent dans le 2ᵉ siècle une ambassade à l'empereur Marc-Aurèle.

Le 2ᵉ siècle, comme celui qui l'avait précédé, vit s'élever de grands monuments d'architecture. Trajan construisit des ports, des ponts, et fonda dans Rome de nouvelles écoles publiques; les voyageurs admirent encore aujourd'hui à Rome la *colonne Trajane* qui a servi de modèle à presque toutes les colonnes triomphales des temps modernes.

Les arènes de Nîmes et le pont du Gard furent construits au 2ᵉ siècle par les ordres de l'empereur Adrien. Ce prince s'est créé des titres plus légitimes encore à la reconnaissance des hommes en interdisant aux maîtres le droit de vie et de mort qu'ils exerçaient sur leurs esclaves, et en rendant plusieurs édits sévères pour empêcher le sacrifice de victimes humaines.

CHAPITRE X.

3e, 4e et 5es siècles.—Invasion des barbares.—Éloquence sacrée.—Mathématiques, algèbre.—Aréomètre.—Cloches.—Conciles.—Fondation du royaume de France.

Nous traverserons avec rapidité les 3e, 4e et 5es siècles de l'ère chrétienne, dans lesquels nous aurions à signaler plus de destructions et de ruines que de nouvelles découvertes. L'invasion des barbares qui débordaient de toutes parts dans les contrées dont se composait l'empire romain apporta bientôt ses ravages dans le cœur même de l'Italie, et Rome, en proie aux fureurs de ses maîtres ignorants, vit disparaître à la fois et son luxe et ce qui lui restait encore de puissance. Les arts oubliés ou détruits ne se relevèrent que long-temps après l'invasion ; les conquérants eurent d'abord à consolider leur puissance, et à s'établir sur les ruines qu'ils avaient faites. Il faudra donc du temps pour que ces ruines soient déblayées, et pour qu'il s'élève dans le monde régénéré une civilisation nouvelle.

La partie orientale de l'empire romain ne se ressentait point aussi cruellement des fureurs des barbares que les Gaules, l'Espagne et l'Italie : car c'était dans l'Orient que les empereurs avaient concentré toutes leurs forces militaires. Aussi les sciences y donnaient-elles encore naissance à quelques travaux utiles. Des jurisconsultes, quelques poètes et quelques historiens parurent encore dans le

3° siècle. Une nouvelle éloquence, puisée dans le christianisme, l'éloquence de la chaire dut à Tertullien et à Origène son premier éclat.

Au 4° siècle les sciences physiques et mathématiques étaient encore cultivées avec fruit. Une femme, Hypathia, fille du philosophe Théon d'Alexandrie, inventa l'aréomètre; l'algèbre, science découverte dès long-temps par les Arabes, fut enseignée par le mathématicien Diophante.

L'architecture ancienne sur son déclin légua pourtant à la postérité des monuments durables, des ponts, des cirques, des chemins; l'on voit encore à Paris les ruines de thermes construits au 4° siècle par l'empereur Julien, surnommé *l'apostat*. C'est au même siècle que Saint-Paulin introduisit dans les églises les cloches dont l'usage était fort ancien chez les Chinois.

Des hérésies suscitées par Arius, Pélage et quelques autres, causèrent des troubles dans l'Église chrétienne et nécessitèrent la réunion des chefs de la religion pour fixer les points contestés de la foi. On donna à ces assemblées le nom de *conciles*. Les premiers conciles qui eurent lieu, au 4° siècle, furent convoqués à Nicée et à Constantinople.

Au 5° siècle de l'ère chrétienne l'ancienne civilisation semble complètement détruite, au moins dans l'Italie et les contrées septentrionales. Les Goths, les Visigoths, les peuples de la Germanie s'établissent dans les Gaules. Les idiomes des barbares, mêlés à la langue latine, concourent à former les langues modernes. A la fin du 5° siècle en 481, Khlodwig ou Clovis, chef des Francs, tribu allemande, jette les fondements du royaume de France dans les Gaules.

CHAPITRE XI.

6ᵉ, 7ᵉ et 8ᵉ siècles. — Progrès du christianisme. — Invention : papiers à écrire. — Vers-à-soie. — Lettres et chiffres arabes. — Mahomet. — Orfèvrerie. — Moulins à vent. — Vitres. — Plumes à écrire. — Fabriques de tapis. — Orgues et horloge à roues.

Au 6ᵉ siècle le monde a changé d'aspect. L'empire romain n'existe plus que de nom dans l'Orient, et les contrées qui formaient l'empire d'Occident appartiennent définitivement aux barbares : la civilisation romaine est partout anéantie ; mais le christianisme, adopté par la plupart des chefs barbares, s'occupe déjà de rendre à l'humanité une civilisation nouvelle.

Nous reprenons donc notre résumé rapide au 6ᵉ siècle. Les premières années de ce siècle furent marquées par une importation dont les résultats furent de la plus haute importance, celle du papier à écrire, connu depuis long-temps en Égypte, et qui vint, en 512, remplacer l'usage dispendieux des peaux d'animaux préparées.

En 530 une seconde importation eut lieu en Europe : deux moines persans envoyés par l'empereur Justinien dans la Sérique, province de la Chine, en rapportèrent des œufs de vers-à-soie, cachés dans une canne, et enseignèrent la manière de les faire éclore, et de les élever.

En 550 les lettres et chiffres arabes furent inventés par Moramère.

Le 7e siècle fut signalé par un grand événement, la fondation de l'islamisme par Mahomet (630). La plus grande partie de l'Orient embrassa cette religion nouvelle.

Le même siècle vit naître plusieurs travaux utiles: les principaux sont les ateliers d'orfévrerie établis par saint Éloi en 631, l'invention des foires (650) qui commença à répandre le goût du commerce, l'invention des moulins à vent par les Arabes (650), et la première introduction des carreaux de vitre en Angleterre (674). Enfin, en 693, un nouveau service fut rendu aux sciences par la substitution des plumes à écrire aux roseaux qui depuis long-temps étaient en usage.

L'invasion des Sarrasins au 8e siècle amena l'importation de l'industrie arabe en Europe, et nous lui devons notamment l'établissement de plusieurs fabriques de tapis en Provence (740).

En 757 on vit en France les premières orgues et la première horloge à roues : les orgues furent envoyées à Pépin-le-Bref par l'empereur Constantin-Copronyme; ce fut le pape Paul Ier qui fit présent au même roi Pépin d'une horloge à roues.

CHAPITRE XII.

*9ᵉ et 10ᵉ siècles. — Charlemagne. — Écoles publiques.
— Marine. — Monnaie. — Fabrication du sucre.
—Institution du jury en Angleterre. — Navigation, découvertes. — Imprimerie en Chine. — Horloge à balancier. — Introduction des caractères
arabes en Europe.*

Une moitié du règne de Charlemagne appartient
à la fin du 8ᵉ siècle, l'autre au commencement
du 9ᵉ. Ce prince s'attacha à donner à ses sujets barbares le goût des lettres et des sciences, et ce fut
lui qui en 779 fonda la première académie. Bientôt
il s'établit, tant à Aix-la-Chapelle, que dans les
autres villes de son empire, de nombreuses écoles
dans lesquelles on enseignait les mathématiques, la
grammaire, l'astronomie et le plain-chant.

Des relations de commerce et d'amitié s'établirent
entre le roi Charlemagne et le calife Haroun-Al-
Raschild, qui régnait à Baghdad. Entre autres pré-
sents envoyés par ce souverain au monarque d'Occident les historiens du temps citent avec enthousiasme une magnifique horloge à roues, la deuxième
qu'on ait admirée en France.

Des pirates partis de la Norwège et du Dane-
marck, désolaient, par des invasions répétées, le
littoral de la France, dont ils enlevaient les troupeaux, les récoltes et souvent même les habitants
qu'ils réduisaient en esclavage. Charlemagne, pour
prévenir ces malheurs à l'avenir, créa, en 808, la

première marine qu'aient eue les Francs depuis leur établissement dans les Gaules.

Enfin le même prince, en 813, établit en France une monnaie uniforme en poids, par livres, sous et deniers.

Pour donner une idée des premières institutions judiciaires de nos ancêtres, nous rappellerons ici que ce fut sous le règne de Charlemagne que fut établi, en 804, le jugement de la Croix, qui consistait à donner gain de cause à celui qui tenait le plus long-temps ses bras en croix.

La civilisation continua ses progrès sous les successeurs de Charlemagne. Louis-le-Débonnaire en 835 acheva la construction de la cathédrale de Reims, admirée aujourd'hui comme un des modèles de l'architecture gothique. Ce fut dans la même année que les Arabes découvrirent la fabrication du sucre et qu'ils introduisirent cette denrée en France.

En Angleterre Alfred-le-Grand jouait au 9ᵉ siècle le rôle de Charlemagne en ouvrant une école dans la ville d'Oxford en 861, et en se déclarant le protecteur des lettres et des sciences. Le même prince donna aussi de grands encouragements à l'agriculture, et nous lui devons même aujourd'hui une de nos plus précieuses institutions; car c'est Alfred qui dans la même année 861 établit en Angleterre le jury, c'est-à-dire l'intervention des citoyens dans l'administration de la justice.

La découverte des îles Foëroë et de l'Islande en 861, et un voyage des Norwégiens jusqu'à Archangel en 888, attestent les progrès de l'art de la navigation.

Dès le commencement du 10ᵉ siècle (901), sous Charles-le-Simple, de nouvelles écoles de grammaire, de chant et de dialectique furent ouvertes à Paris.

Si l'on en croit les prétentions des Chinois, l'invention de l'imprimerie chez eux remonterait à peu près à la même époque.

En 990 Gerbert, archevêque de Reims, construisit la première horloge dont le mouvement fût réglé par un balancier. Enfin, en 999, un autre Gerbert, médecin maure, introduisit en Europe l'usage des caractères et des chiffres arabes.

CHAPITRE XIII.

11ᵉ et 12ᵉ siècles. — Découverte du Groenland. — Musique à plusieurs parties. — La trève de Dieu. — Croisades, — Moulins à vent. — Papier de chiffons. — Code de Justinien, droit écrit de France. — Ponts. — Pavage des rues de Paris.

La découverte des îles Foëroë et de l'Islande, dont nous avons parlé dans le chapitre précédent, encouragea le goût des expéditions maritimes ; et, en 1000, les Islandais découvrirent le Groenland. Mais ce n'était là que le prélude de ces grandes expéditions qui, deux siècles plus tard, devaient par la découverte d'un nouveau monde changer la face du monde ancien.

On rapporte également au commencement du 11ᵉ siècle, en 1026, l'invention de la musique à plusieurs parties par un nommé Gui d'Arezzo.

Nous ne devons pas oublier de mentionner ici une institution qui peut donner une idée de l'état de la civilisation au 11ᵉ siècle. Les seigneurs féodaux, tout-puissants dans leurs terres et dans leurs châteaux fortifiés, étaient continuellement en guerre avec leurs voisins. Tel était l'acharnement qui régnait dans ces guerres civiles, sans cesse renaissantes, que le clergé, redoutant pour les biens de la terre les conséquences de tant de ravages et de dévastations, établit en 1041 la *trève de Dieu* qui interdisait les combats depuis le mercredi au soir jusqu'au lundi au matin.

Les croisades, dont la première fut prêchée à la fin du 11ᵉ siècle, mirent un terme à ces dévastations intérieures en entraînant les seigneurs féodaux loin des lieux où s'alimentaient leurs querelles, et en les réunissant contre un ennemi commun, contre l'ennemi de la foi, les sectateurs de la religion de Mahomet. Mais les croisades eurent pour la civilisation bien d'autres résultats ; les croisés rapportèrent de leur expédition de précieuses découvertes, et, rentrés dans leurs foyers, ils commencèrent à s'occuper bien plus de l'application de ces inventions utiles, que de leurs querelles de voisinage. On attribue aux croisés l'introduction en France de l'emploi des moulins à vent. Une autre importation dont les effets furent immenses date également du temps des croisades ; en 1142, Pierre-le-Vénérable, abbé de Cluny, rapporta que les Arabes fabriquaient du papier avec de vieux chiffons.

En 1133 un Allemand nommé Irner, ou Werner, retrouva à Amalfi, dans le royaume de Naples, les Pandectes de l'empereur Justinien : et quatre années après, ce code des lois romaines, apporté en France, devint le droit écrit de tout le royaume, dont jusque-là la jurisprudence ne s'était exclusivement composée que de coutumes variant selon les localités.

De grandes améliorations furent introduites dans les villes au 12e siècle : une association, celle des *Frères du Pont*, entreprit la construction de plusieurs ponts en France ; le pont d'Avignon, qui existe encore aujourd'hui, fut commencé en 1177 par cette utile confrérie.

Le nom que portait Paris à cette époque, *Lutetia*, d'un mot latin (*lutus*) qui signifie boue, lui venait de la saleté de ses rues. Le roi Philippe-Auguste étant un jour à la fenêtre de son palais, qui dominait sur la Seine, s'aperçut que les voitures en passant sur la boue répandaient une odeur très désagréable ; il résolut de remédier à cet inconvénient en faisant paver les rues : l'ordre en fut donné par ce monarque en 1184, et le nom de Lutetia fut changé en celui de Paris.

Nous terminerons ce chapitre en mentionnant la fondation en 1198 de l'ordre de la *Rédemption des captifs*, par Jean de Matha. Une pareille institution n'est sans doute point déplacée dans un tableau des progrès de la civilisation.

CHAPITRE XIV.

13e siècle. — Commerce. — Ligue Hanséatique. — Inquisition. — Lettres et sciences ; colléges. — Affranchissement des serfs. — Hôpitaux. — Fondation de la Sorbonne. — Monnaies. — Abolition du duel judiciaire. — Verres à foyer.

Le commerce et l'industrie avaient obtenu, dans les siècles précédents, de grands accroissements : les croisades leur imprimèrent un nouveau mouvement, parce qu'elles ouvrirent à l'Europe de nombreux débouchés : Venise, Gênes, furent d'abord les villes qui profitèrent davantage de ce nouvel état de choses, et qui devinrent les entrepôts d'échange entre l'Orient et l'Occident ; mais bientôt d'autres villes voulurent partager ces profits immenses, et, en 1200, quatre-vingts villes d'Allemagne s'associèrent pour maintenir la liberté et la sécurité du commerce. Cette association reçut le nom de *Ligue Hanséatique.* La Ligue Hanséatique subsiste encore de nom aujourd'hui, mais elle a perdu beaucoup de l'importance qu'elle avait lors de sa première institution.

Le commencement du 13e siècle vit naître une institution bien différente de cette grande ligue industrielle ; nous voulons parler de l'établissement de l'inquisition dans la chrétienté, en 1204.

Les lettres et les sciences commençaient alors à sortir de l'oubli ; les efforts de Charlemagne excitèrent l'émulation de quelques uns de ses successeurs, et à l'époque où nous sommes arrivés on comptait dejà des écoles dans les principales villes de France. En 1215 une école nouvelle fut fondée à Paris, sous le nom de collége Saint-Germain-l'Auxerrois.

Les améliorations sociales devaient suivre de près les progrès des lettres. Aussi dans les 13ᵉ et 14ᵉ siècles la barbarie s'efface peu à peu devant les bienfaits du christianisme et de l'instruction. Si, en effet, nous avons à nous affliger des persécutions ordonnées alors contre les Juifs et les hérétiques, nous devons les attribuer à un funeste enthousiasme qui était la suite des croisades, et peut-être aussi à l'irritation causée par le malheureux résultat de ces expéditions lointaines ; mais, auprès de cet affligeant spectacle, l'affranchissement des serfs sous Louis VIII en 1223, la fondation de l'hospice des Quinze-Vingts par saint Louis en 1260, et celle d'un grand nombre d'autres hôpitaux et d'asiles par ce prince et ses successeurs, nous offrent un autre tableau bien consolant pour l'humanité. Et puisque nous parlons en ce moment des hôpitaux élevés par saint Louis, nous mentionnerons en même temps l'achèvement de l'église de la Sainte-Chapelle en 1248, et la fondation de la Sorbonne en 1250, par Robert Sorbon, confesseur du roi.

Le même monarque, en 1260, publia une ordonnance concernant les monnaies qui d'un côté durent porter une croix et de l'autre un des piliers. On doit encore à saint Louis l'abolition du duel judiciaire et la rédaction des coutumes générales nommées

Etablissements pour la portion de la France que le roi gouvernait directement.

La poudre à canon ne devait être découverte que dans le 14e siècle ; mais dès 1294 un moine anglais, Roger Bacon, en prédit en quelque sorte les effets en indiquant l'explosion du salpêtre dans le feu. Le même savant passe pour avoir révélé l'usage des verres à foyer.

CHAPITRE XV.

14ᵉ siècle. — Boussole. — Poudre à canon. — Eau-de-vie. — Glaces. — Cartes à jouer. — Notes de musique. — Fondation de la bibliothèque royale.

Une découverte dont les grands résultats ne se firent pas long-temps attendre, celle de la boussole, signala le commencement du 14e siècle. On connaissait depuis long-temps la vertu attractive de l'aimant, et la propriété qu'a l'aiguille aimantée de se tourner vers le nord. Le poète Guyot de Provins avait déjà, en l'an 1200, mentionné un instrument analogue à la boussole, et qu'il appelait *marinette*. Mais l'usage n'en était pas répandu ; et ce ne fut qu'en 1302 qu'un bourgeois d'Amalfi, Flavio-Gioja, s'aperçut du grand parti qu'on pouvait tirer de l'aiguille aimantée pour la navigation, et s'appliqua à perfectionner cet instrument. Flavio-Gioja doit donc être considéré comme le véritable inventeur de la boussole.

En 1340 un moine allemand, Berthold-Schwartz,

en pilant dans un mortier du charbon mêlé à du salpêtre, inventa la poudre à canon. Les suites de cette découverte, que Roger Bacon avait pressentie, furent immenses. L'usage des armes à feu changea entièrement le système militaire et permit aux vassaux de résister désormais aux vexations des seigneurs. Jusqu'à cette époque, en effet, les riches seuls avaient pu apprendre le métier des armes : car eux seuls pouvaient passer leur jeunesse à donner à leur corps plus de force et d'adresse, à s'exercer aux divers genres d'escrime, à dompter un cheval fougueux ; enfin, les riches seuls pouvaient se procurer ces armures coûteuses sur lesquelles se brisaient et la lance et l'épée du vilain. Mais lorsqu'on eut appris qu'un tube de fer bien dirigé pouvait atteindre de loin l'homme le mieux armé, le mieux exercé, le plus adroit, alors tout fut changé ; les casques, les cuirasses, les haches pesantes perdirent leur force : les chevaliers purent trouver des égaux là où ils ne rencontraient auparavant que des victimes. Il fallut ensuite imaginer de nouveaux moyens d'attaque et de défense : l'art de la guerre fut complètement modifié, et les guerres dès lors devinrent plus funestes, plus terribles et, pour cette raison, plus rares.

D'autres découvertes moins grandes par leurs résultats eurent lieu dans le cours du 14ᵉ siècle.

En 1300 un médecin de Montpellier, nommé Arnauld, imagina de soumettre le marc du raisin à l'action du feu, et d'en obtenir ainsi la partie spiritueuse qui s'appela d'abord *eau de fer*, puis *eau de mort*, puis enfin reçut le nom d'*eau-de-vie* qu'elle a conservé jusqu'à nos jours.

En 1325 les Vénitiens commencèrent à fabriquer des glaces, qu'ils eurent long-temps le privilége de fournir à toutes les nations de l'Europe. L'invention des cartes à jouer par Nicolas Pepin, Espagnol, et celle des notes de musique par un Parisien nommé Mœurs, se rapportent à l'année 1330.

Enfin nous mettrons au nombre des progrès dont le 14ᵉ siècle vit la naissance, la fondation, en 1360, de la bibliothèque royale, qui fut placée d'abord dans une des tours du vieux Louvre et qui contenait dans son origine environ 900 volumes.

CHAPITRE XVI.

15ᵉ siècle. — Imprimerie. — Expéditions maritimes ; découverte de l'Amérique. — Carrosses. — Peinture à l'huile. — Postes. — Soieries. — Opération de la pierre. — Monnaie à l'effigie du roi.

Les découvertes dues au 14ᵉ siècle conduisirent à celles que virent éclore les siècles suivants. L'invention de la boussole et celle de la poudre à canon facilitèrent aux Européens la conquête de l'Amérique et leur fournirent les moyens de s'y maintenir contre les attaques des indigènes. L'invention du papier et les nombreuses papeteries qui s'établirent dans les divers états de l'Europe permirent de multiplier les copies de manuscrits ; mais ce n'était point assez encore, et quelques hommes ingénieux cherchèrent un moyen plus expéditif de reproduire les ouvrages des savants et de les mettre à la portée de tous. Des essais furent tentés : on commença par graver les ouvrages sur des planches de bois ; mais ce mode de reproduction parut encore trop lent, et en 1444 un habitant de Mayence , nommé Jean Guttemberg, associé à Jean Fusth ou Faust et à Pierre Schœffer, imagina de fabriquer un à un les caractères de l'alphabet gravés en relief et de les réunir ensuite pour former des mots. Leur entreprise réussit au-delà de leurs vœux, et en 1450 ils livrèrent à l'admiration de leurs contemporains le premier livre qui ait été imprimé. Les premiers caractères mobiles furent en bois ; bientôt après les inventeurs y substituèrent des caractères en métal , et depuis ce temps les nombreuses découvertes des artistes ont porté l'imprimerie au degré de perfectionnement où nous la voyons aujourd'hui.

Le premier établissement de l'imprimerie en France date de 1469, sous le règne de Louis XI qui eût besoin de protéger de tout son pouvoir les premiers imprimeurs; car le peuple , excité par le fanatisme , les poursuivit d'abord comme sorciers.

Les premières découvertes dues à l'invention de la boussole furent entreprises par les Portugais, qui fondèrent au milieu du 15ᵉ siècle de nombreux établissements sur les côtes d'Afrique et dans les îles situées près du continent africain. Mais ce n'était là que le prélude d'un événement bien plus important et de plus précieuses conquêtes.

4.

En 1785 un Génois nommé Christophe Colomb, repoussé par Gênes sa patrie, par Venise, par l'Angleterre, la France et le Portugal, vint offrir à Ferdinand et Isabelle, qui régnaient sur l'Espagne, d'ajouter à leurs possessions la conquête d'un vaste continent, s'ils voulaient lui confier la conduite de quelques vaisseaux. La réponse des souverains se fit attendre pendant sept ans; enfin, en 1492, le commandement de trois petits navires, avec le titre d'amiral, fut remis à Christophe Colomb, et le 25 août il s'embarqua plein de confiance et vogua vers des terres inconnues dont son génie seul lui avait révélé l'existence. Après avoir lutté, pendant un long voyage, contre les préjugés et les révoltes de marins qui pour la première fois avaient quitté la vue des côtes, le hardi navigateur aborda enfin dans le Nouveau-Monde le 12 octobre 1492, et prit possession des terres d'Amérique au nom du roi et de la reine d'Espagne.

Nous n'entrerons pas dans le détail des découvertes qui suivirent cette première expédition, non plus que dans le récit des malheurs et des persécutions dont Colomb devint la victime; le plan de notre ouvrage ne nous a permis que de signaler le premier fait de la découverte de l'Amérique.

Il nous reste peu d'espace dans ce chapitre pour énumérer les autres progrès que fit la civilisation européenne dans le cours du 15ᵉ siècle et à la tête desquels se placent, selon l'ordre chronologique, l'invention des carrosses en 1409 et celle de la peinture à l'huile en 1410.

Le roi Louis XI dota la France de deux établissements importants, celui des postes en 1464, et celui d'une manufacture de soieries dans la Touraine en 1474; grâce à ce dernier bienfait, la France se vit dispensée à l'avenir d'une partie du tribut énorme qu'elle payait à l'industrie étrangère.

Une autre découverte remarquable fut la première extraction de la pierre, opérée sous le règne de Louis XI, en 1474, sur un franc-archer de Meudon. Cet homme avait été condamné à être pendu; l'essai tenté sur lui réussit et il fut gracié. D'où il résulte que cet homme dut la vie à deux circonstances bien étranges : car s'il n'eût pas été condamné à mort, il fût mort de la pierre; et s'il n'eût eu la pierre, il eût été pendu.

En 1491 sous Charles VIII, successeur de Louis XI, fut frappée à Lyon la première monnaie française portant l'effigie du souverain.

CHAPITRE XVII.

16e *siècle. — François Ier. — Arts et sciences. — Système de Copernic. — Fondation du collége de France. — Imprimerie royale. — Registres de l'état civil. — Pistolets, arquebuses, bombes. — Pommes de terre. — Tabac. — Invention du télescope. — Montres. — Manufactures établies par Henri IV.*

Les découvertes des Espagnols dans le Nouveau-Monde continuèrent pendant le cours du 16e siècle:

le Mexique, le Pérou vinrent successivement se joindre aux premières conquêtes des rois d'Espagne. Bientôt les Portugais voulurent à leur tour s'enrichir par des expéditions maritimes, et découvrirent le Brésil en 1500. Mais nous cesserons ici de nous occuper des terres découvertes en Amérique et nous nous contenterons à l'avenir de constater l'introduction en Europe des principaux produits du Nouveau-Monde.

Le 16ᵉ siècle, auquel se rapportent les règnes de François Iᵉʳ et du pape Léon X, est un des plus brillants de l'histoire moderne : on le regarde, en effet comme l'époque où les arts, les sciences les lettres commencèrent à refleurir en Europe ; et les noms de l'Arioste, poète de Reggio, de l'astronome Copernic, de Machiavel, de Marot et surtout de Raphael d'Urbin, suffisent pour assurer la célébrité du 16ᵉ siècle.

En 1525 Copernic, que nous venons de nommer, fit faire à l'astronomie un pas immense, ou plutôt opéra dans cette science une révolution complète en expliquant à ses contemporains le véritable système du monde.

Toutes les sciences, tous les arts devaient recevoir à cette époque une égale impulsion, et ce fut dans ce but que François Iᵉʳ fonda le collége de France en 1430 ; on doit au même monarque, en 1531, l'établissement de l'imprimerie royale. Sous le même règne furent institués, en 1534, les registres de l'état-civil, sur lesquels on commença dès lors à inscrire les naissances et les décès.

L'invention des pistolets, à Pistoie en Italie, en 1545, et celle des arquebuses en 1550, précédèrent de près d'un demi siècle l'invention des bombes qui vint en 1588 apporter de nouveaux changements à l'art de la guerre. Nous devons aussi noter ici la découverte des fusils à vent en 1560 par un nommé Guther de Nuremberg.

En 1563 eut lieu une des plus précieuses importations dont l'Europe soit redevable à l'Amérique, nous voulons parler de la pomme de terre apportée par sir Francis Drake auquel les Anglais durent également l'importation du tabac en 1585. La pomme de terre, long-temps méprisée, est devenue aujourd'hui, grâce aux travaux des agriculteurs et des chimistes, un des produits les plus importants du sol européen.

L'invention du télescope par Jansen de Middlebourg en 1589, sous le règne de Henri III, prépara pour l'avenir de grandes découvertes astronomiques. On fait également remonter au 16e siècle l'invention des montres, nommées d'abord *œufs de Nuremberg*, à cause de leur forme ovale. L'usage des épingles pour la toilette date de la même époque. Nous rappellerons enfin, en terminant ce chapitre, qu'à la fin du 16e siècle, en 1599, Henri IV fonda en France de nombreuses manufactures de soieries. de tapis et de verreries.

TROISIÈME PARTIE.

CHAPITRE XVIII.

17ᵉ siècle. — Industrie agricole : tabac. — Chocolat. Café. — Coton. — Premier métier à bas. — Thé.

La civilisation a désormais atteint un tel degré, que la plupart des inventions nouvelles ne semblent être en quelque sorte que des perfectionnements apportés aux découvertes faites dans les siècles précédents.

Le 17ᵉ siècle fut riche en esprits supérieurs. Agriculture, industrie, beaux-arts, littérature, physique, astronomie, toutes les connaissances humaines enfin, trouvèrent, dans tous les états de l'Europe, des hommes célèbres qui hâtèrent leurs progrès ; la France surtout recueillit la plus grande partie de cette gloire européenne qu'obtint le 17ᵉ siècle, appelé généralement le siècle de Louis XIV.

Nous parlerons d'abord des importations agricoles et industrielles. La découverte de l'Amérique, ainsi que nous l'avons vu plus haut, vint doter l'Europe de nouveaux produits et donner au commerce une activité plus grande, en multipliant les besoins des peuples civilisés. Le tabac, le café, le cacao, la vanille et de nombreuses substances médicales, furent introduits successivement dans la vieille Europe ; mais l'usage de ces productions diverses ne s'établit pas à la fois chez tous les peuples. Ainsi nous avons vu dans le siècle précédent un navigateur anglais apporter à ses compatriotes deux plantes inconnues jusqu'alors, le tabac et le café, dont la consommation universelle et presque né-cessaire aujourd'hui ne fut d'abord qu'un appât offert au luxe et à la curiosité. Ce ne fut qu'en 1600 que Jean Nicot, ambassadeur de France, en Portu-gal, rapporta à la cour de France le tabac ; cette nouveauté produisit une si grande sensation que les botanistes donnèrent à la plante le nom du per-sonnage qui l'avait fait connaître en France, et l'appelèrent *nicotiana-tabaccum*. Le chocolat, ap-porté du Mexique en Europe en 1520 par les Espa-gnols, ne fut connu en France qu'en 1653, époque à laquelle il y fut introduit par le cardinal Alphonse de Richelieu, archevêque de Lyon, et frère du mi-nistre de Louis XIII.

Trois années plus tard Jean Thévenot apporta le café en France. L'usage de ces trois denrées se ré-pandit bientôt dans les hautes classes de la société et excita l'émulation des spéculateurs ; on essaya d'é-tablir sur plusieurs points de la France des planta-tions de tabac et même de café, mais les essais ne réussirent qu'imparfaitement quant au dernier de ces végétaux. Le tabac seul donna de bons résultats ; et aujourd'hui cette plante, devenue un objet de nécessité pour un grand nombre de personnes, est cultivée avec le plus grand succès dans plusieurs départements de la France.

Une quatrième importation végétale, d'un pro-duit immense, fut celle du coton. Apportée en Eu-rope dès les premiers temps de la découverte de l'Amérique, elle stimula le génie industrieux de nos manufacturiers. De nouvelles fabriques de tissus se fondèrent en France, et en 1656 un nommé Jean Hindrel établit dans le bois de Boulogne, au château de Madrid, le premier métier à bas. Bientôt il transporta en Angleterre son industrie, à laquelle il ajouta de nouveaux perfectionnements qu'il fit connaître à la France en 1666.

Enfin, après avoir énuméré les diverses importations en Europe du café, du tabac, du chocolat et du coton, nous ne devons pas oublier celle du thé. Cette plante, originaire de la Chine et du Japon, introduite en Europe par les Hollandais en 1610, ne fut connue en France qu'en 1636.

CHAPITRE XIX.

Suite du 17ᵉ siècle. — Sucre de betterave. — Fondation du Jardin-des-Plantes. — Sciences. — Galilée; découvertes astronomiques. — Pesanteur de l'air. — Baromètre. — Newton, Descartes, Leibnitz. — Thermomètre. — Électricité. — Préparation du phosphore. — Émétique, quinquina. — Forceps. — Circulation du sang.

Deux faits importants qui se rapportent aux progrès de l'agriculture en même temps qu'à ceux de la science viennent se placer dans le 17ᵉ siècle; nous voulons parler des essais de fabrication de sucre de betterave, tentés pour la première fois en 1605 par Olivier Serres, et de la fondation du Jardin-des-Plantes de Paris, en 1634, par Bouvard, premier médecin, et par Gui de La Brosse, médecin ordinaire du roi. Plusieurs villes d'Europe, Padoue, Pise, Florence possédaient déjà au 16e siècle des jardins botaniques; Paris lui-même en avait vu former un dès l'année 1591, mais aucun de ces jardins n'était conçu sur le plan magnifique du Jardin-des-Plantes qui est devenu par de perpétuels accroissements le plus bel établissement scientifique du monde entier.

Quant à la découverte du sucre de betterave, notre intention est de revenir sur ce fait important avec quelques détails, lorsque nous serons parvenus à l'époque où cette exploitation devint une des principales branches de l'industrie française. Nous avons cru seulement devoir en mentionner ici le premier essai.

Nous avons annoncé dans le précédent chapitre que nous aurions à rendre compte des grands progrès que firent les sciences pendant le cours du 17e siècle. Galilée, Descartes, Hervey, Leibnitz, Newton, tels sont les noms célèbres qui se rattachent à ces importantes découvertes.

Le nom seul de Galilée rappelle assez les persécutions souffertes par ce savant dans les cachots de l'inquisition pour avoir osé publier le véritable système de la rotation de la terre autour du soleil. Le même savant, continuant ses observations astronomiques perfectionna, en 1610 , le télescope inventé au 16e siècle , et découvrit à l'aide de cet instrument les satellites de Jupiter. Ce fut encore Galilée qui détermina les lois de la chute des corps, et qui déduisit de cette première découverte celle de la pesanteur de l'air qui jusqu'à cette époque avait été considéré par les savants comme un corps impondérable. Le fait de la pesanteur de l'air une fois reconnu, il s'agissait de trouver les lois d'après lesquelles s'opérait ce phénomène; Torricelli , élève de Galilée , eut cette gloire. En 1646 Torricelli inventa le *baromètre*, instrument qui sert à mesurer la pesanteur de l'atmosphère.

Parmi les nombreuses découvertes dues à Descartes et à Newton, nous citerons ici celle des lois de la réfraction de la lumière , par le premier, en 1629, et celle de l'attraction des corps , par le second de ces savants physiciens, en 1687. Newton donna en même temps la démonstration du calcul différentiel et intégral , inventé par Leibnitz en 1680.

Plusieurs autres inventions scientifiques datent également du 17e siècle , telles que celles du thermomètre, par Corneille Dressel , en 1600, et les premières observations sur l'électricité, par un Anglais nommé Gilbert. Le temps viendra bientôt où le phénomène de l'électricité , étudié d'une manière plus complète , amènera les savants du 18e siècle à de grandes et utiles découvertes.

La chimie, la médecine et la chirurgie s'enrichirent également au 17e siècle de connaissances nouvelles ; parmi lesquelles nous citerons la découverte

de la préparation artificielle du phosphore en 1677,
le premier emploi de l'émétique et du quinquina
en France en 1650, et l'invention du forceps par
Palfin dans la même année. Mais les sciences médicales avaient déjà fait en 1618 un pas immense,
nous voulons parler de la découverte de la circulation du sang par le médecin anglais Hervey. Cette
grande découverte opéra dans la médecine et la chirurgie une révolution complète et mit les savants
sur la voie des belles théories médicales du 19e
siècle.

CHAPITRE XX.

*Suite du 17e siècle. — Architecture. — Pont-Neuf. —
Aquéduc d'Arcueil. — Palais du Luxembourg. —
Château de Versailles. — Académie. — Ecole de
marine. — Ecole de peinture à Rome. — Loterie.
— Sœurs de la Charité.*

Après avoir consacré deux chapitres aux progrès
industriels et scientifiques qui immortalisèrent le
17e siècle, nous devons une place dans notre travail
à quelques ouvrages d'architecture entrepris à cette
époque, ainsi qu'à plusieurs institutions et fondations
nouvelles.

La première pierre du Pont-Neuf avait été posée
sous le règne d'Henri III, le 3 mai 1578 ; il ne fut
terminé qu'en 1604. La Seine, aujourd'hui couverte
de ponts, n'en comptait que onze sous Louis XIII,
dont les principaux étaient le pont St-Michel, le pont

au Change, le pont Notre-Dame, le pont de la Tournelle, le pont Marie et le Pont-Neuf. Côme II, grandduc de Toscane, envoya à Paris une statue équestre de Henri IV qui fut érigée sur le terre-plain du dernier de ces ponts.

Paris doit à la reine Marie de Médicis plusieurs constructions importantes parmi lesquelles nous citerons l'aquéduc d'Arcueil, qui fut terminé en 1613, et le palais du Luxembourg dont les plans furent dessinés par Jacques de Brosse, architecte de la reine. Mais le plus beau monument architectural du 17ᵉ siècle fut le château de Versailles, commencé par Louis XIV en 1661, et terminé en 1687.

Le nom seul de Louis XIV rappelle les Racine, les Molière, les Boileau et les La Fontaine, tous ces grands écrivains dont les œuvres sont encore aujourd'hui des modèles achevés d'élégance, d'esprit et de bon goût. L'Académie française, fondée en 1635 par le cardinal Richelieu, reçut de Colbert, ministre de Louis, de grands accroissements. L'académie des sciences et celle des inscriptions et belles-lettres furent instituées par ce ministre, la première en 1663, la seconde en 1666. La France est également redevable à Colbert de la fondation de l'Ecole française de peinture à Rome en 1666 et de l'établissement d'une Ecole de marine à Brest, en 1682.

Il nous reste à mentionner encore plusieurs inventions de diverses sortes qui appartiennent au 17ᵉ siècle, et en tête desquelles nous placerons la baïonnette, inventée en 1670, et les cartouches à balle en 1690. On fait encore remonter à cette époque l'invention des perruques et des carrosses de louage, dont le premier, logé à l'image de Saint-Fiacre, légua à ses successeurs le nom de son patron.

Nous nous abstiendrons de nous arrêter sur la création de la loterie, que l'on place dans le cours du 17ᵉ siècle. La morale a fait justice de cet infâme impôt perçu sur l'ignorance des classes pauvres, et la chambre des députés en a fait disparaître le chiffre de notre budget de recettes. A partir de 1836 la loterie n'existera plus en France.

Mais une sainte et consolante institution prit naissance vers le milieu du 17ᵉ siècle ; nous voulons parler de l'institution des Sœurs de la Charité, par saint Vincent-de-Paul. Cet admirable établissement fondé à Paris envoya bientôt ses missionnaires d'humanité dans toutes les villes de France, et aujourd'hui toutes les nations du monde renferment des communautés de femmes charitables qui consacrent leur vie à secourir les malades dans les hôpitaux.

CHAPITRE XXI.

18ᵉ siècle. — Coup-d'œil rapide sur les progrès de la civilisation dans le cours du 18ᵉ siècle. — Inoculation de la petite-vérole. — Vaccine.

Nous arrivons au siècle le plus fécond peut-être en grandes découvertes dans toutes les branches exploitées par l'intelligence humaine, comme le plus riche en grands événements politiques. Le 18ᵉ siècle, en effet, nous montrera la civilisation arrivée ce degré de perfectionnement où les inventions nouvelles ne peuvent guère être considérées que comme des faits de détail, se rattachant aux grandes découvertes primitives. Déjà même, à partir de l'époque qui va nous occuper, un grand nombre des faits que nous signalerons pourront n'être rangés que parmi les conséquences immé-diates des inventions qui les ont précédés.

C'est surtout aux découvertes faites dans les sciences, dans la physique et la chimie en particulier, que le 18e siècle est redevable des immenses progrès de la civilisation à cette époque. Il en est deux surtout qui, par leur importance, réclament la première place dans cet ouvrage.

En 1717 lady Montagu, femme de l'ambassadeur d'Angleterre près la Porte-Ottomane, revint de Constantinople ; elle avait vu pratiquer par les Orientaux l'inoculation de la petite-vérole, employée comme un préservatif contre l'intensité de cette affreuse maladie. Il fallait un grand courage pour braver ainsi de terribles chances, et imposer volontairement à ses enfants le germe d'une maladie qui sans cela peut-être ne devait pas les atteindre ; mais lady Montagu, confiante dans ce qu'elle avait vu, ne craignit pas en 1721 de faire inoculer sa fille, et fut récompensée de son courage par la réussite complète de l'opération. Un fait aussi beau fut bientôt rendu public. De tous côtés des expériences furent tentées, et l'opération de l'inoculation s'accrédita bientôt chez tous les peuples de l'Europe: excepté pourtant en France, où elle fut accueillie avec méfiance. Ce ne fut qu'en 1756 que le duc d'Orléans donna aux Français un courageux exemple en faisant inoculer ses enfants.

L'exemple donné par ce prince porta ses fruits : l'usage de l'inoculation rencontra en France des antagonistes moins nombreux, et les effets du terrible fléau furent combattus et paralysés. Mais cette opération n'était pas toujours sans danger, et souvent même on avait vu ceux qu'elle devait préserver mourir ou du moins garder les traces de la petite-vérole qu'on leur avait inoculée. Une découverte nouvelle devait, dans le même siècle, remplacer heureusement la première, en ne faisant courir aucun danger à ceux sur lesquels on l'emploierait : nous voulons parler de la vaccine.

L'Anglais Edward Jenner a long-temps joui de l'honneur de la découverte de la vaccine; mais il en est de celle-ci comme de bien d'autres qui nées en France, et négligées long-temps, ont trouvé les Anglais plus prompts à les accueillir et à en profiter.

Voici maintenant l'origine que l'on attribue généralement à la découverte de la vaccine. Il existe sur les bestiaux, dans le midi de la France, une maladie à laquelle les habitants du pays donnent le nom de *pigote*. M. Rabaud-Pommier, frère de Rabaud-Saint-Étienne qui figura dans la révolution, s'aperçut que cette maladie avait quelque analogie avec la petite-vérole. Il remarqua en même temps que les vachères des environs de Montpellier gagnaient, en trayant leurs vaches, la maladie de ces animaux. Il prit des informations et le résultat de ses recherches fut qu'aucune des personnes qui avaient eu la pigote n'était par la suite attaquée de la petite - vérole. Les observations de M. Rabaud-Pommier s'arrêtèrent là. M. Rabaud-Pommier fit part à un Anglais des faits qu'il avait recueillis; ce dernier les communiqua à Jenner. Jenner, pour s'assurer de la réalité de ces observations, inocula la petite-vérole à plusieurs des personnes qui avaient pris la pigote des animaux. Les essais réussirent complètement : aucun des individus inoculés ne fut attaqué de la petite-vérole; et Jenner, sûr désormais de son fait, publia la découverte de la vaccine, dont il eut tout l'honneur. La vaccine s'accrédita en Europe plus facilement que l'inoculation ne l'avait pu faire : partout elle réussit; et si cette opération salutaire a eu long-temps à combattre les préjugés en France, tout donne lieu d'espérer que bientôt ces préjugés auront partout disparu. Il n'y a plus aujourd'hui que bien peu de gens qui se refusent à se faire vacciner. Le gouvernement a voulu encourager la propagation de la vaccine en fondant des primes en faveur des pauvres qui la feraient opérer sur leurs enfants. On ne rencontre guère de personnes qui s'y refusent que dans la classe pauvre, ignorante jusqu'à ce jour. Mais aujourd'hui, que l'instruction commence à répandre ses bienfaits sur toutes les classes de la société, espérons que toute la France sera bientôt délivrée d'un préjugé si fatal, et que les journaux ne viendront plus nous apprendre désormais que des villages entiers ont été ravagés par la petite-vérole.

CHAPITRE XXIII.

Suite du 18ᵉ siècle. — Physique. — Electricité. — Expériences de Franklin. — Invention du paratonnerre. — Galvanisme ou électricité animale. — Pile de Volta.

Nous avons, en traitant des découvertes du 17ᵉ siècle, parlé de celle de l'*électricité*. C'est dans le 18ᵉ siècle, que la connaissance de ce phénomène conduisit à des inventions utiles.

Les premières observations sur l'électricité avaient été faites par un physicien anglais nommé Gilbert et par Othon de Magdebourg. Plusieurs autres physiciens, appartenant également au 17ᵉ siècle, recueillirent sur le fluide électrique de nouveaux faits qu'ils publièrent. Mais ces connaissances se bornaient encore à l'électricité produite par le frottement d'un morceau de verre ou de résine, et à la transmission des commotions électriques par le moyen d'un fil métallique conducteur du fluide. On commençait à soupçonner quelque analogie de rapports entre le fluide électrique et le fluide magnétique, ou vertu attractive de l'aimant. Mais la découverte d'une analogie bien autrement importante était réservée au 18ᵉ siècle.

Au commencement du 18ᵉ siècle un Américain, le célèbre Franklin, dont le nom se trouve si glorieusement associé et à l'histoire de la liberté américaine et à celle des sciences et de la morale, Franklin, disons-nous, publia un mémoire dans lequel il exposait que la foudre n'était autre chose qu'une manifestation de l'électricité contenue dans les nuages. Ces idées furent accueillies avec faveur par les savants français; et Franklin, jaloux de prouver la vérité de sa théorie, fit une expérience qui réussit au gré de ses désirs. Il enleva, par un temps d'orage, un cerf-volant sur le sommet duquel était adaptée une pointe de fer, et la corde qui retenait cette machine servit de conducteur au moyen duquel le savant tira des étincelles produites par le fluide électrique contenu dans les nuages.

Une fois convaincu de la réalité du phénomène que lui avait révélé son génie, Franklin ne tarda pas à faire tourner sa découverte au profit de l'humanité; se fondant sur ce principe de physique que les pointes attirent l'électricité, il imagin qu'une barre métallique terminée en pointe aiguë et placée sur le sommet d'un édifice, attirerait la foudre qui, suivant la ligne conductrice du fer, serait amenée par un fil également métallique jusque dans une partie humide de la terre, un puits par exemple, où elle perdrait sa force et disparaîtrait. — Telle fut l'origine du *paratonnerre*.

Le paratonnerre inventé par Franklin rencontra, dès sa découverte, et rencontre même encore aujourd'hui des obstacles dans bien des lieux où des préjugés, de plus d'un genre, en proscrivent l'usage; mais tout fait espérer qu'il en sera de la propagation de cette découverte comme de celle de la vaccine.

Le premier paratonnerre vu en France fut placé sur la machine de Marly en 1752.

En 1792, une nouvelle découverte vint donner lieu à de nouvelles observations sur l'électricité. Un médecin de Bologne, nommé Galvani, s'occupant de recherches anatomiques sur une grenouille morte, s'aperçut qu'au contact de l'instrument dont il se servait les muscles de l'animal éprouvaient une contraction convulsive et s'agitaient comme si le cadavre reprenait la vie. On crut voir là une nouvelle propriété de la matière et on donna à la cause de ce phénomène le nom de *fluide galvanique,* du nom de celui qui l'avait découvert. On l'appela aussi *électricité animale.* Un savant célèbre, Volta, ayant à son tour examiné le fait, publia bientôt un mémoire, adressé à la Société royale de Londres, dans lequel il prouvait que le *galvanisme* n'était autre chose qu'une modification des effets du fluide électrique développé par le contact de corps de substance différente. D'après ce principe, Volta construisit une machine électrique consistant en pièces de zinc et de cuivre alternativement superposées et dont il obtint des résultats qui confirmèrent sa théorie. Cet instrument, que nous ne pouvons décrire ici, a été tellement perfectionné depuis son invention que l'on est parvenu à produire une sorte de tonnerre artificiel dont la puissance va jusqu'à faire tomber en fusion immédiate un morceau de platine, le plus dur des métaux connns. Cette machine électrique a reçu le nom de *pile de Volta*. Quelques expériences ont prouvé que la pile de Volta pouvait être employée heureusement dans certains cas pour rendre le mouvement à des membres paralysés.

CHAPITRE XXII.

Suite du 18ᵉ siècle. — Miroir ardent. — Ballons. — Chimie. — Décomposition de l'air et de l'eau. — Machines à vapeur. — Éclairage par le gaz hydrogène.

Les découvertes dues à la physique, dont il nous reste à parler ici, sont le *miroir ardent*, inventé par Trudaine en 1773, et les *aérostats* dus, en 1782, à Montgolfier d'Annonay. Dès l'année qui suivit l'invention du *ballon*, il se rencontra à Paris deux hommes, MM. Charles et Robert, assez hardis pour risquer une ascension dans un ballon rempli de gaz hydrogène. Cette première expérience fut suivie de plusieurs autres. On vit en 1785 MM. Blanchard et Jeffreys faire en deux heures le trajet de Boulogne à Douvres. Mais quelques accidents étant survenus on chercha les moyens de les prévenir, et en 1797 M. Garnerin inventa le *parachute*. Jusqu'ici l'on a fréquemment essayé de diriger dans l'air la marche des ballons : la plupart des savants considèrent cette navigation comme impossible, mais d'autres soutiennent la thèse contraire, et, loin d'être découragés par l'insuccès de leurs premières entreprises, espèrent réaliser bientôt aux yeux de leurs contemporains le phénomène de la navigation aérienne.

Nous passons maintenant aux progrès de la chimie, que nous nous contenterons d'indiquer rapidement à nos lecteurs.

Lavoisier est celui qui fit faire à cette science les plus rapides progrès, en indiquant le premier quels sont les véritables corps élémentaires dans la nature. Il montra que l'air que nous respirons, jusqu'ici considéré comme un élément, était composé de la combinaison de trois gaz : l'oxigène, l'hydrogène et l'azote. Il en fut de même de l'eau, que Lavoisier décomposa également et que l'on reconnut pour n'être qu'une combinaison d'hydrogène et d'oxigène dans certaines proportions. Ces deux découvertes en amenèrent d'autres. Guiton de Morveau, auquel on dut par la suite la Nomenclature chimique, inventa un appareil destiné à désinfecter l'air; et Poissonnier, après bien des essais infructueux, parvint à rendre potable l'eau de la mer.

Les plus importants résultats pratiques de ces grandes découvertes furent l'invention des machines à vapeur et celle de l'éclairage par le gaz. En 1799 M. Le Bon, ingénieur français, imagina d'employer pour l'éclairage le gaz hydrogène carboné. On négligea long-temps en France cette découverte précieuse; et ce ne fut que lorsque les Anglais nous en eurent donné l'exemple, que nous commençâmes à rendre l'usage du gaz hydrogène plus général. Quant aux machines à vapeur, leur invention est duc aux Anglais ; et en 1799 James Watt y apporta de nombreux perfectionnements. Mais c'est au 19ᵉ siècle que l'usage des machines à vapeur rendra les plus grands services à la civilisation ; et nous verrons toujours l'exemple de ces innovations importantes nous venir de l'Angleterre.

CHAPITRE XXIV.

Suite du 18ᵉ siècle. — Progrès des sciences. — École de chirurgie. — Exposition de peinture et de sculpture. — Géographie. — École militaire. — École gratuite de dessin. — Exposition des produits de l'industrie. — Conservatoire des arts et métiers.

Les progrès que nous avons signalés déjà et ceux dont nous aurons encore à entretenir nos lecteurs en parlant du 18ᵉ siècle furent encouragés par le gouvernement français. Aussi de nombreuses fondations eurent-elles lieu dans tous les genres. En France comme à l'étranger, des savants se réunirent et publièrent à grands frais le résultat des connaissances dont s'était enrichie leur association. A Paris l'académie de chirurgie, créée en 1737, fonda des prix pour les découvertes anatomiques ; et les noms de Desault et de Bichat, son élève, nous révèlent assez quelles lumières pouvait répandre dans l'enseignement ce corps nouvellement institué.

Dans la même année, 1737, les beaux-arts reçurent comme les sciences, un encouragement notable, et la première exposition des compositions des peintres et des sculpteurs vivants rendit un nouvel éclat à l'école française.

D'un autre côté, la géographie prit une nouvelle importance. En 1757, Louis XV fit lever par Cassini les grandes cartes de France; et déjà, en 1733, quatre savants français, Bouguer, Godin, de Jussieu et La Condamine, s'étaient rendus à Quito, dans le Mexique, pour mesurer un degré du méridien sous l'équateur; Camus, Clairaut, Maupertuis et Lemonier avaient également fait un voyage à Tornéo, vers le pôle nord, afin de déterminer la forme de la terre. Enfin, en 1766 le célèbre navigateur Bougainville entreprit un voyage autour du monde et rapporta en France des notions positives sur des parties presque ignorées de l'Amérique.

L'École militaire, fondée en 1751; l'École gratuite de dessin instituée à Paris, en 1766, par Bachelier, qui en fit toutes les dépenses; l'institution de l'École vétérinaire d'Alfort en 1764, enfin des cours publics des sciences diverses institués dans toutes les villes principales du royaume, tels sont les indices de l'impulsion donnée à l'enseignement public.

Mais une institution importante pour l'industrie illustra une des dernières années de la révolution. En 1797, sous le directoire, le gouvernement institua une exposition publique des produits de l'industrie française. Le Champ-de-Mars fut d'abord le théâtre de cette solennité, qui devait exciter une salutaire émulation parmi tous les industriels. L'ouverture de l'exposition fut faite par M. de Neufchâteau, ministre de l'intérieur.

Cette première exposition dura dix jours ; mais le peu de temps que l'on avait assigné pour faire parvenir les objets fabriqués empêcha que les manufacturiers des provinces éloignées pussent envoyer assez tôt leurs produits : les expositions qui suivirent la première, en 1800 et en 1801, furent plus complètes, et depuis cette époque l'importance de l'institution n'a fait que s'accroître.

Une autre institution dont l'influence a grandement agi sur le mouvement imprimé à l'industrie est l'établissement du Conservatoire des arts et métiers, dû à Vaucanson, célèbre mécanicien, qui en posa les premiers fondements en 1775, et qui, à sa mort, légua au roi, par testament, la collection complète de ses machines. Mais le Conservatoire ne fut établi qu'en 1795 dans l'ancienne abbaye Saint-Martin, où nous le voyons aujourd'hui.

CHAPITRE XXV.

Suite du 18ᵉ siècle. — Mécanique. — Vaucanson. — Automates construits par cet artiste.

Nous venons, à la fin du chapitre précédent, de citer le nom de Vaucanson ; et cela nous amène à parler de cet artiste célèbre, dont les travaux contribuèrent aux principaux progrès de la mécanique.

L'histoire ancienne nous montre que la mécanique avait déjà fourni à plusieurs nations des instruments de la plus grande puissance. Mais ce fut surtout dans les temps modernes que cette science vint donner à l'industrie, à la navigation et à l'architecture les plus grands moyens d'exécution. Les plus importantes inventions de la mécanique sont les machines hydrauliques, les machines à vapeur, et les métiers pour la fabrication des tissus. C'est à propos de cette dernière invention qu'il est convenable de donner quelques détails sur Vaucanson.

Vaucanson naquit à Grenoble en 1709 et montra dès sa plus tendre jeunesse un goût décidé pour la mécanique; ce penchant irrésistible décida de sa carrière. Encore enfant, il était parvenu à construire une horloge en bois qui marquait assez exactement les heures; puis il fabriqua des jouets d'enfant parmi lesquels on cite une petite chapelle dont tous les personnages étaient en mouvement. Plus tard, dans un voyage qu'il fit à Lyon, il imagina une machine hydraulique au moyen de laquelle on pourrait fournir d'eau toute la ville; et, de retour à Paris, il reconnut que la machine de la Samaritaine était construite précisément sur les principes que son génie lui avait inspirés. Dès-lors, pour acquérir les connaissances qui lui manquaient, il s'appliqua pendant plusieurs années à l'étude des sciences.

La réputation de Vaucanson lui valut bientôt les offres les plus brillantes de la part du roi de Prusse, qui le pria de venir à sa cour, en 1740. Vaucanson préféra rester en France, où le cardinal Fleury lui confia l'inspection des manufactures de soie. Notre artiste appliqua alors son génie à perfectionner les machines à tissus; et ses travaux furent couronnés d'un si grand succès, qu'il faillit bientôt devenir victime de son zèle pour la mécanique : on rapporte en effet que, dans un voyage que fit à Lyon ce célèbre mécanicien, il fut poursuivi à coups de pierres par les ouvriers, qui avaient entendu dire qu'il était venu dans leur ville pour simplifier les métiers. Vaucanson se déroba à leur fureur et, pour se venger des ouvriers lyonnais, il construisit une machine avec laquelle un âne exécutait une étoffe à fleurs.

Vaucanson mourut en 1782, après avoir enrichi la science et l'industrie des plus belles découvertes. Il nous reste à citer les principaux automates construits par ce grand artiste, qui s'était livré à l'étude de l'anatomie.

Il construisit d'abord une statue qui jouait des airs de flûte, et telle fut l'admiration qu'excita dans l'esprit de son domestique cette invention surprenante que le pauvre homme se jeta aux pieds de Vaucanson qui lui parut dès-lors d'une nature plus qu'humaine. Bientôt après. au *flûteur* succéda la construction de deux canards qui barbottaient, ramassaient et broyaient le grain, l'avalaient, et cette nourriture digérée par l'automate passait dans les intestins par tous les degrés de la digestion animale. Vaucanson s'occupait lorsqu'il mourut d'une invention bien plus importante, c'est-à-dire de la con-

, struction d'un automate dans lequel devait s'opérer
la circulation du sang.

CHAPITRE XXVI.

*Suite du 18ᵉ siècle. — Manufacture de fer-blanc. —
Lithographie. — Stéréotypie. — Télégraphe. —
Guillotine.*

Sur la fin du règne de Louis XV fut établie en
France la première manufacture de fer-blanc. Elle
fut construite à Strasbourg en 1718. Depuis cette
époque de nombreux établissements analogues ont
été fondés sur divers points de la France, et il est
aujourd'hui prouvé que nos fers-blancs perfectionnés
ne le cèdent en rien à ceux qui proviennent des fabriques étrangères.

L'invention de la lithographie par Aloys Sennefelder, de Munich, en 1796, et celle de la stéréotypie par Firmin Didot en 1798, appartiennent
autant au domaine des sciences qu'à celui des beaux-
arts.

Aloys Sennefelder, chanteur dans les chœurs du
théâtre de Munich, observa le premier la propriété
qu'ont les pierres calcaires de retenir les lignes ou
les caractères tracés par une encre grasse et de les
transmettre dans toute leur pureté au papier appli-
qué par une forte pression sur leur superficie. Il remarqua en outre que l'on pouvait ainsi reproduire le
dessin sur plusieurs feuilles successivement, en repas-
sant sur la pierre une nouvelle couche d'encre,

Sennefelder s'associa au baron d'Arétin et fonda avec lui à Munich le premier établissement lithographique ; il subsiste encore aujourd'hui Cette invention s'introduisit ensuite en Angleterre, puis en France, et chacun sait à quel point de perfection est actuellement arrivé la lithographie, qui, par la pureté du dessin et l'exactitude des tons, rivalise maintenant avec la gravure.

La stéréotypie est une modification de l'imprimerie ; elle consiste à convertir en formes solides des planches composées avec des caractères mobiles. Elle permet ainsi de tirer aussi long-temps que peuvent durer les caractères, des exemplaires des ouvrages les plus utiles. La stéréotypie a été perfectionnée plutôt qu'inventée par MM. Firmin Didot et Herhan, puisque le *Moniteur* (an X, page 686) nous apprend que les planches stéréotypées coulées étaient connues en France en 1735 et qu'elles étaient dès-lors en usage chez l'imprimeur Valleyre. M. Durouchail, graveur, a inventé un mode de stéréotypage qui est généralement usité aujourd'hui et qui laisse fort loin derrière lui toutes les inventions antérieures.

Le télégraphe fut inventé par M. Chappe en 1791. Cet instrument a une trop grande importance politique, pour que nous n'en parlions pas avec détail.

Le télégraphe est un instrument au moyen duquel le gouvernement peut transmettre au loin et en très peu de temps ses ordres et les nouvelles importantes. Il consiste en un châssis à l'extrémité duquel sont deux ailes mouvantes ; ces deux ailes, au moyen d'un mécanisme placé dans le bâtiment que surmonte l'instrument, produisent des signaux qui sont recueillis par l'employé du télégraphe voisin, situé lui-même à la distance que peut atteindre la vue par le télescope. Le deuxième télégraphe transmet les signaux reçus à celui qui le suit sur la ligne télégraphique ; et de transmission en transmission, les signaux successifs portent bientôt les nouvelles jusqu'au lieu indiqué par le gouvernement.

Grâce à cette invention, Paris peut recevoir aujourd'hui les nouvelles : de Calais en 3 minutes, de Lille en 2 minutes, de Strasbourg en 6 minutes et $\frac{1}{2}$, de Toulon en 20 minutes, de Brest en 8 minutes, et de Bayonne en 30 minutes par Tours et Bordeaux.

On a essayé d'établir des télégraphes de jour et de nuit. Dans ces dernières années M. Férier, inventeur d'un nouveau système télégraphique de ce genre, voulut construire un télégraphe qui devait servir à la transmission des nouvelles commerciales ; mais le gouvernement a cru devoir s'opposer à la formation de cet établissement.

Nous devons encore signaler ici un triste service rendu à l'humanité par la science. Le 3 juin 1791 un décret détermina les peines que la justice devait infliger aux criminels, et dont la plus forte était la peine de mort, c'est-à-dire la suppression de la vie, avec le moins de souffrance possible pour le malheureux qui la subissait. Pour remplir cette intention de la loi, dans la même année, le docteur Guillotin inventa la guillotine, instrument terrible qui n'a que trop servi les fureurs révolutionnaires.

CHAPITRE XXVII.

Suite du 18ᵉ siècle. — Eclairage par le gaz. — Son invention. — Porté en Angleterre et rapporté en France. — Gazomètre.

Nous avons dit dans un précédent chapitre qu'en 1799 un ingénieur français, nommé Philippe Lebon, conçut l'idée de ce mode d'éclairage et indiqua les moyens de préparer en grand le gaz hydrogène carboné : il prit même un brevet pour exploiter sa découverte et fit voir à Paris, en 1801, un hôtel entier éclairé de cette manière. Mais le peu d'encouragements qu'il reçut le força à renoncer à son entreprise. Comme il en est souvent advenu des découvertes faites par des savants français, ce furent les Anglais qui profitèrent les premiers de l'invention et qui surent la perfectionner ; et, depuis 1810, une partie de la ville de Londres est éclairée au gaz. Dans la même année 1810, on fit enfin quelques expériences en France sur les moyens d'éclairage par le gaz : elles obtinrent un plein succès ; mais des préjugés et des craintes mal fondées empêchèrent que Paris profitât encore d'une aussi belle découverte. Enfin, en 1823, le gouvernement consulta à ce sujet l'académie des sciences qui nomma une commission composée de MM. Prony, Gay-Lussac, Darcet, Dulong et Fresnel, pour examiner diverses questions proposées sur l'éclairage par le gaz. Cette commission répondit que l'exploitation du gaz hydrogène, faite d'après certains procédés indiqués dans le rapport, ne pouvait être une cause d'insalubrité pour les lieux environnants, et qu'il était facile de prévenir les explosions et les incendies dans les ateliers où se fabriquait le gaz.

Depuis lors, l'éclairage par le gaz a été employé sans crainte dans les plus beaux quartiers de la ville de Paris. Les magasins, la plupart des théâtres, les passages, les cafés l'ont presque tous adopté. Plusieurs rues, celles de la Paix, de Rivoli, de l'Odéon, l'ont substitué aux tristes réverbères; et le Palais-Royal tout entier, jardin et galeries, brille maintenant de cette lumière pure et éclatante. On a même été jusqu'à fabriquer des lampes portatives munies d'un réservoir rempli de gaz hydrogène. Si quelques accidents, d'ailleurs fort rares, sont arrivés, on doit les attribuer à la négligence impardonnable des individus qui avaient oublié de fermer le robinet du conduit intérieur et étaient entrés dans la pièce remplie de gaz avec une lumière.

On a donné le nom de *gazomètre* à l'appareil qui sert de réservoir au gaz dans les fabriques de gaz hydrogène carboné.

CHAPITRE XXVIII.

Suite du 18ᵉ siècle. — Etablissement de la petite-poste de Paris, — Sourds-muets. — Méthode pour leur instruction. — L'abbé de l'Epée fonde l'institution des Sourds-muets. — L'abbé Sicard.

Nous avons dit, en parlant des inventions du 15ᵉ siècle, que la poste aux lettres avait été établie en France par Louis XI pour faire porter les dépêches de la cour ; pendant deux siècles cet établissement ne servit qu'au gouvernement : en 1630 seulement, les particuliers purent l'employer. La poste aux lettres devint bientôt une des branches les plus importantes du revenu de l'Etat, et en 1793 ses produits s'élevaient déjà à 17,175,000 fr.

Londres posséda avant Paris une petite-poste, qui portait les lettres des particuliers dans les divers quartiers de la ville ; ce ne fut qu'en 1759 que le conseiller Chamousset proposa d'introduire chez nous cette utile innovation : aujourd'hui non-seulement Paris mais encore presque toutes les villes de France de plus de 20,000 ames jouissent de cet avantage.

Une des plus ingénieuses comme une des plus utiles institutions dont s'honore la société prit naissance à Paris, en 1776, grâce à l'ingénieuse bienfaisance de l'abbé de l'Épée.

Dès le 16ᵉ siècle, un bénédictin espagnol, nommé Pierre de Ponce, avait consacré sa vie à instruire les sourds-muets. Mais il ne laissa rien sur sa méthode , et ses travaux ne sont connus que de l'historien Moralès, contemporain de Ponce ; nous croyons même pouvoir accuser de quelque exagération les résultats qu'il nous transmet de la méthode du moine bénédictin , surtout lorsqu'il prétend que Ponce ayant instruit les deux frères et une sœur du connétable d'Aragon, ainsi que le fils du grand-juge, tous quatre sourds-muets de naissance, non seulement ces élèves écrivaient très bien une lettre, mais qu'ils répondaient de vive voix, et en formant des sons très-intelligibles, aux questions que leur instituteur leur adressait par signes ou par écrit. Quoi qu'il en soit, toujours est-il que depuis Ponce on n'avait pu obtenir de pareils succès.

On s'était pourtant mis avec beaucoup d'ardeur à la recherche de méthodes propres à instruire les sourds-muets, mais on n'obtint d'abord que de faibles résultats. Enfin, en 1776 . l'abbé de L'Épée présenta un nouveau mode d'instruction , qu'il mit sur-le-champ en pratique en fondant chez lui , à ses frais , une école pour les jeunes personnes sourdes et muettes. Ce ne fut qu'en 1785 qu'un arrêt du conseil d'état accorda à cet établissement une somme annuelle de 3,400 livres. L'abbé de L'Épée donna alors une plus grande extension à son école : à sa mort, qui arriva en 1790, il fut remplacé par l'abbé Sicard, son élève, qui apporta à sa méthode de nouveaux perfectionnements.

CHAPITRE XXIX.

*Suite du 18ᵉ siècle. — Monts-de-Piété. — Enseigne-
ment mutuel; ses progrès. — Sténographie.*

L'usure se retrouve méprisée, punie sévèrement, et
pourtant toujours en usage chez les peuples les plus anciens. Les nations modernes n'en purent être exemptes;
les juifs surtout se livrèrent dans le moyen âge à ce commerce illicite; les suites de ces prêts usuraires devinrent tellement déplorables, qu'en 1377, des religieux
de l'ordre séraphique fondèrent, dans plusieurs villes
d'Italie, des maisons publiques où les pauvres pouvaient trouver, en laissant un nantissement, de l'argent
qu'on leur prêtait à un intérêt modéré, quelquefois
même sans intérêt. Des établissements analogues se
fondèrent bientôt en France, en Angleterre et en
Allemagne.

Le 9 décembre 1777, des lettres-patentes insti-
tuèrent l'établissement du grand Mont-de-Piété de
Paris et prohibèrent toute maison particulière de
prêts sur gages. Le Mont-de-Piété de Paris prête, sur
un nantissement bien supérieur à la somme avancée,
à l'intérêt de 3/4 pour cent par mois : sans discuter
ici le mérite de cet établissement, nous pouvons
affirmer que l'admirable institution des Caisses d'é-
pargnes, fondées au 19ᵉ siècle, offre aujourd'hui
aux classes laborieuses des ressources plus morales
et surtout plus efficaces.

Ce fut en 1780 que l'enseignement mutuel reçut sa première application en France dans l'institution fondée à Paris par le chevalier Paule pour les orphelins militaires. Peu de temps après le docteur Bell et le quaker Lancastre donnèrent à cet enseignement une méthode raisonnée et créèrent en Angleterre de nombreuses écoles. En 1811, le gouvernement français envoya en Hollande deux conseillers de l'université pour s'enquérir des perfectionnements de l'instruction primaire. Enfin, dans les premières années de la restauration, MM. Alexandre Delaborde, le comte Lasteyrie, Jomard, l'abbé Gaultier et le duc de Larochefoucauld s'occupèrent avec zèle de la propagation de l'enseignement mutuel qui fut d'abord connu sous le nom de *méthode de Lancastre*, et depuis lors ce mode d'instruction employé dans presque toutes les écoles primaires de France a reçu d'utiles modifications.

La *sténographie*, ou l'art d'écrire en abrégé et de recueillir le discours d'un orateur aussi vite qu'il parle, fut inventée ou plutôt perfectionnée en 1786 par Samuel Taylor, professeur anglais. Diverses méthodes ont suivi celle de ce professeur et ont reçu des noms distincts, tels que la *graphodromie* ou *écriture à la course*, la *tachygraphie* ou *écriture rapide*. Mais bien que ces méthodes aient leurs avantages, l'usage de la sténographie de Taylor, considérablement modifiée depuis son invention, semble être le plus généralement répandu.

CHAPITRE XXX.

Suite du 18e siècle. — Institution du jury. — Tribunaux de paix. — Tribunal de cassation. — Uniformité des poids et mesures. — Mètre. — Litre. — Are ou perche carrée. — Stère. — Kilogramme. — Monnaies, franc, décime, centime. — Distances linéaires, myriamètre, Kilomètre, — Hectare.

Comme nous l'avons indiqué en parlant du 7e siècle, c'est à Alfred-le-Grand que l'Angleterre est redevable de l'institution du jury. La France ne profita que bien long-temps après de ce bienfait social. En 1791 l'Assemblée Nationale établit le jugement par jury pour toutes les affaires criminelles; on avait d'abord pensé à étendre cette juridiction jusqu'aux affaires civiles; mais les nombreuses complications de nos lois exigeant, de la part des juges, une étude particulière que ne sauraient faire tous les citoyens, il fallut renoncer à cette idée et restreindre l'institution du jury à l'appréciation des poursuites criminelles. Les jurys jugent le fait seul, ils proclament la vérité; les juges, d'après la déclaration du jury, sont chargés d'appliquer la loi.

Les tribunaux de paix sont destinés, ainsi que l'indique leur nom, à prévenir les procès en conciliant les parties. Nous devons cette institution aux Anglais. Les tribunaux de paix furent établis en France par la loi du 24 août 1790. Les juges de paix étaient, dans les premiers temps de leur institution en France, élus par leurs concitoyens et pouvaient être changés tous les trois ans. Aujourd'hui ils sont inamovibles, et c'est le gouvernement qui les nomme.

Ne pouvant entrer ici dans des détails de législation, nous nous contenterons de mentionner l'institution du tribunal de cassation qui eut également lieu en 1790. Ce tribunal confirme ou casse les arrêts rendus par les cours royales, et dont il a été appelé, soit par les parties, soit par le ministère public.

L'uniformité des poids et mesures d'après le système décimal est un des faits les plus importants que doivent au 18ᵉ siècle les sciences et l'industrie. Nous croyons utile d'exposer ici la manière dont on procéda pour établir cette uniformité.

Toutes les mesures dérivent du mètre (le mètre vaut 3 pieds, 11 lignes, 296 millièmes). L'unité des mesures de capacité est le cube d'un décimètre, ou 10ᵉ partie du mètre : On lui a donné le nom de *litre.*

L'unité des mesures superficielles. pour le terrain, est un carré dont le côté est dix mètres : elle se nomme *are*, ou *perche carrée.*

On a nommé *stère* un volume de bois de chauffage égal à un mètre cube.

L'unité de poids, que l'on nomme *kilogramme*, est le poids de la millième partie d'un mètre cube

7.

d'eau distillée. Le kilogramme équivaut à deux livres cinq gros 35 grains.

On établit également les monnaies sur le système décimal.

L'unité monétaire est le *franc* qui a remplacé la livre. La dixième partie du franc est le *décime* (équivalant à 2 sous), et sa centième partie est le centime. On a rapporté au franc les valeurs des pièces de monnaies de cuivre et d'or.

Enfin les grandes distances linéaires s'évaluent en myriamètres (dix mille mètres). Le myriamètre vaut 5131 toises ou environ deux lieues et demie de poste. La dixième partie de cette longueur est le kilomètre.

La mesure des grandes surfaces agraires est l'hectare qui vaut 10,000 mètres carrés, ou cent ares, ou un arpent neuf dixièmes.

Ce fut en 1795 que fut établie en France l'uniformité des poids et mesures d'après le système décimal.

CHAPITRE XXXI.

Suite du 18ᵉ siècle. — Architecture. — Saint-Roch. — Sainte-Geneviève ou Panthéon. — Halle aux Blés. — Pont Louis XVI. — Arts et belles-lettres. — Éloquence parlementaire.

Il nous reste à parler, pour terminer notre revue du 18ᵉ siècle, de l'état des belles-lettres et des arts et des monuments d'architecture qui furent élevés à cette époque.

Les principaux édifices que nous mentionnerons ici sont l'église Saint-Roch, Sainte-Geneviève, la Halle aux blés et le pont Louis XVI.

La pose de la première pierre de l'église Saint-Roch, située rue Saint-Honoré, aujourd'hui l'une des plus riches paroisses de Paris, eut lieu en 1736 d'après les plans de Pierre Cotte.

L'église Sainte-Geneviève fut commencée en 1757 d'après les dessins de Soufflot; mais en 1791 un décret de l'Assemblée Nationale changea la destination de cet édifice qui fut consacré à recevoir les cendres des grands hommes qui avaient bien mérité de la patrie. On l'appela alors Panthéon. La restauration en fit de nouveau une église en lui restituant le nom de Sainte-Geneviève. Enfin, depuis la révolution de 1830, la dénomination de Panthéon lui a été rendue.

La Halle aux Blés de Paris fut construite en 1763 par Camus de Ansières. La coupole en fer qu'on admire aujourd'hui ne fut établie qu'en 1811 pour remplacer la toiture de charpente qu'un incendie avait consumée en 1802.

Le pont Louis XVI, dû au talent du célèbre ingénieur Péronnet, et l'un des plus beaux ponts de Paris, fut commencé en 1786. On l'appela tour à tour Pont Louis XV, pont Louis XVI, pont de la Révolution, pont de la Concorde. Il reprit le nom de pont Louis XVI sous la restauration; enfin aujourd'hui on l'appelle ordinairement pont de la Concorde.

Ces monuments ne furent certainement pas les

seuls dont Paris fut enrichi au 18ᵉ siècle ; mais nous les avons cités pour indiquer à nos lecteurs quelles étaient les pensées qui dirigeaient les architectes de cette époque ; la construction de la Halle aux Blés nous annonce déjà que l'art se porte vers les idées d'utilité générale. C'est au 19ᵉ siècle que ces principes d'une architecture visant presque exclusivement aux commodités de la vie plutôt qu'aux proportions d'élégance et de grandeur, seront plus généralement appliqués.

Avant de terminer ce chapitre, nous indiquerons les noms des principaux personnages qui s'illustrèrent dans les lettres et les beaux-arts.

Historiens et philosophes : Condillac, Rousseau, Voltaire, Condorcet, Millot, Raynal.

Poètes et auteurs dramatiques : Delille, Gilbert, Gresset, Laharpe, Ducis, Beaumarchais, Collin d'Harleville, Fabre d'Églantine, Favard, Desforges, Diderot, Marmontelle.

Naturalistes : Buffon, Daubanton, Hauy, Bernard et Laurent de Jussieu, Lamarck, Valmont de Bomare.

Peintres : Boilly, Chardin, David, Demarne, Greuze, Lantara, Van Spaendonck, Joseph Vernet.

Musiciens : Gluck, Gossec, Grétry, Monsigny Méhul, Philidor, Piccini, Sacchini.|

Sculpteurs : Adam, Clodion, Falconnet, Houdon Lemoine, Moitte et Pigalle.

Enfin, parmi les nombreux orateurs qui brillèrent

dans la première de nos assemblées législatives, nous citerons l'immortel Mirabeau, le fondateur de l'éloquence parlementaire en France.

CHAPITRE XXXII.

19ᵉ siècle. — Empire. — Écoles primaires. — École Polytechnique.

Héritier des grandes découvertes de tous les siècles précédents et riche de tous les moyens de recherche que lui ont transmis ses devanciers, le 19ᵉ siècle, dans ses trente-cinq premières années seulement, nous offre un faisceau de progrès et d'inventions si nombreuses, si étendues, si variées, que nous devons nous borner, dans notre travail, à choisir, parmi tant de richesses nouvelles, celles qui méritent le plus, par leur utilité pratique et par leur importance, l'intérêt de nos lecteurs.

La dernière année du 18ᵉ siècle avait vu finir le Directoire, et la tranquillité intérieure de la France qui se reposait, fatiguée de tant de révolutions, permettait aux arts et aux sciences de reprendre leurs travaux; et bientôt, dès les premières années de l'Empire, tous les grands esprits, que ne préoccupait point la politique, rencontrèrent dans le génie de Napoléon un protecteur zélé, qui s'efforça de rendre la France puissante par son commerce et son industrie , comme elle l'était déjà par la force de ses armes.

Nous ne nous bornerons pas cependant à consta ter ici les découvertes des savants français; car il est des faits de la plus haute importance dont l'humanité est redevable à des savants étrangers, et particulièrement aux Anglais. Aussi nous empresserons-nous de les consigner dans notre travail lorsqu'ils se présenteront à nous dans l'ordre des temps.

Nous mentionnerons en passant les grands travaux anatomiques de Cuvier et de Bichat, les études en chimie de Fourcroy et de l'Anglais Dawy.

La première institution, que nous avons à signaler dans le 19e siècle, est la création des écoles primaires et des lycées en France en 1802.

La fondation de l'École polytechnique appartient réellement au 18e siècle , mais elle ne reçut pas immédiatement sa constitution définitive. En effet l'École polytechnique avait été fondée en 1795 ; mais ce ne fut que le décret du 16 juillet 1804 qui statua sur l'existence des élèves en déterminant l'organisation militaire et le casernement de l'école. Depuis ce temps l'École polytechnique a subi dans son régime quelques modifications; mais le fond de l'institution est resté le même, et c'est elle qui fournit aujourd'hui à la France les sujets les plus distingués pour les corps de l'artillerie et du génie, ainsi que pour l'administration des ponts-et-chaussées , celle des mines, et celle des poudres et des salpêtres. Le but principal de l'institution de l'École polytechnique est de répandre l'instruction des sciences mathématiques, physiques et chimiques : aussi les professeurs en sont-ils choisis parmi les hommes les plus illustres de l'académie des sciences.

CHAPITRE XXXIII.

Suite du 19ᵉ siècle. — Codes. — Architecture. — Colonne de la place Vendôme. — Palais de la Bourse. — Madeleine.

Le plus grand bienfait dont la France soit redevable aux premières années du 19ᵉ siècle est sans contredit le Code civil, législation sagement élaborée par tout ce que le pays offrait alors de plus savant dans la jurisprudence, et dans laquelle se résument toutes les législations du monde. Ce grand et précieux travail, annoncé par la constitution de 91, fut promulgué sous le consulat en 1804. Plusieurs modifications y ont été apportées lors de la restauration, et la principale est la suppression du titre VI *du Divorce;* mais d'ailleurs le Code civil est le plus beau monument de sagesse législative qui ait jamais existé. Les Codes de procédure civile, d'instruction criminelle, pénal, et de commerce, suivirent la promulgation du Code civil.

L'Empire vint bientôt avec toutes ses grandeurs donner une nouvelle impulsion aux arts. L'architecture surtout profita de ce grand mouvement, et nous allons, dans ce chapitre, énumérer les principaux édifices publics élevés dans le 19ᵉ siècle.

La colonne de la place Vendôme est le premier monument qui s'offre à nous dans l'ordre des temps. Elle fut commencée en 1806 et terminée en 1810. Napoléon l'érigea à la gloire de nos armées, et le bronze dont elle est revêtue porte en relief la représentation des victoires de l'armée française jusqu'à la bataille d'Austerlitz. La statue de l'empereur avait été placée sur le sommet de la colonne; elle fut abattue en 1814 par les étrangers. Mais, à la révolution de 1830, on songea à replacer sur la colonne l'image de celui qui l'avait construite, et le 28 juillet 1833 une nouvelle statue de Napoléon domina la place Vendôme.

Des arcs de triomphe, les ponts d'Iéna et d'Austerlitz, des greniers d'abondance, des marchés, des quais, tels furent les autres grands travaux qui vinrent embellir Paris sous l'Empire. Ce mouvement ne se ralentit pas après la chute de Napoléon. Un grand nombre de travaux commencés sous son règne furent continués sous la restauration; le canal Saint-Martin, l'arc de triomphe de l'Étoile, les barrières, les routes occupèrent et occupent encore aujourd'hui l'administration publique. Mais les deux plus beaux monuments peut-être dont le 19ᵉ siècle puisse se glorifier sont le palais de la Bourse et l'église de la Madeleine.

Le magnifique palais de la Bourse et du tribunal de Commerce fut commencé en 1808 d'après les dessins de M. Brongniart et terminé en 1827 sous la surveillance de M. Labarre. Tout le commerce de Paris contribua par une souscription à la construction du palais de la Bourse.

L'église de la Madeleine, commencée avant la révolution, vient d'être terminée extérieurement en 1834; elle changea de nom sous la République; époque à laquelle on la destinait à devenir le temple de la Gloire; mais la restauration continua le monument pour en faire une église, et c'est dans ce but qu'elle s'achève aujourd'hui.

CHAPITRE XXXIV.

Chemins de fer, établis d'abord en Angleterre, puis en France.

Des auteurs ont fait remonter jusqu'aux Carthaginois l'idée de régulariser la surface des routes pour faciliter le roulage des voitures. Dès les 17ᵉ et 18ᵉ siècles les Anglais avaient commencé à faire usage de madriers parallèles fixés sur le sol et dans lesquels s'engrainaient les rainures des roues. Bientôt l'industrie s'exerça sur cette découverte et chercha les moyens de rendre ces routes nouvelles plus sûres et plus durables. Pour cela on imagina de recouvrir les voies de bois de plaques de fonte, et l'on renonça presque aussitôt à ce dernier moyen pour n'employer plus que la fonte. Telle fut l'origine des chemins de fer.

Mais tout cela se rapporte à l'Angleterre; ce pays qui a toujours si bien su perfectionner les découvertes importées par les autres nations, n'était pas fait pour négliger ses propres inventions et les laisser dans l'enfance. Mais la France, suivant dans ses progrès industriels une marche bien différente de celle des Anglais, avait l'habitude de ne profiter que fort tard des découvertes de ses savants, et plus tard encore de celles des nations voisines. Aussi ne fut-ce qu'en 1813 qu'on publia en France un ouvrage sur l'utilité des chemins en ornières de fer ou de fonte. Les spéculateurs français furent lents à tirer parti de cet avertissement donné par la science à l'industrie; mais pourtant l'idée leur en vint, et de nombreux projets de chemins de fer furent présentés au gouvernement. Des modèles en bois ou en métal furent exposés aux yeux du public; les journaux, les brochures firent connaître les bons résultats que promettait au commerce cette invention importante. Une sorte d'enthousiasme s'empara des capitalistes, et le gouvernement fit examiner par ses ingénieurs les projets qui lui avaient été soumis. Enfin, en 1825, l'entreprise d'une route en fer de Lyon à Saint-Étienne fut adjugée à une compagnie qui réalise aujourd'hui d'énormes bénéfices. Des spéculateurs encouragés par ces heureux résultats ont déjà proposé d'établir des routes semblables sur les principaux points de la France; de tous ces projets le gouvernement n'en a encore accueilli qu'un, et c'est celui de Paris à Saint-Germain, qui ne sera en quelque sorte que le commencement de la ligne de Paris à Rouen et au Havre. Cette entreprise a été autorisée par les Chambres dans une loi de la session de 1835.

Pour donner une idée des avantages que recueillera le commerce de l'établissement des chemins de fer, nous dirons qu'il est certain qu'un seul cheval peut transporter sur ces routes un poids sept fois plus fort que celui qu'il traînerait sur une route ordinaire. Ces chemins offrent d'ailleurs, comme voie de transport, de grands avantages sur les canaux en ce qu'ils peuvent se construire dans toutes les localités, tandis que l'ouverture d'un canal est subordonnée aux mouvements du terrain et à la possibilité de se procurer de l'eau. Les bateaux, en outre, présentent souvent l'inconvénient, dans les longs trajets, d'être arrêtés fort long-temps dans leurs marches par le service des écluses.

La Belgique, la Prusse, et même l'Égypte ont déjà des ingénieurs chargés d'exécuter des chemins de fer.

CHAPITRE XXXV.

Voitures à vapeur. — Inventées en Angleterre. — Leurs avantages. — Essais tentés en France. — Voiture à vapeur de M. d'Asda.

L'Angleterre a aussi l'honneur de l'invention des voitures à vapeur. Cette invention remonte à 1821, mais ce ne fut que dix années après qu'on en obtint d'assez heureux résultats. Ils furent dus à Sir C. Dance qui construisit une voiture à vapeur dont la vitesse était de trois lieues à l'heure sur une route ordinaire. A la suite des nombreuses réclamations

que cette entreprise suscita de la part des riches en-
trepreneurs de voitures à chevaux, le parlement
ordonna une enquête ; et le rapport de la commission d'enquête déclara dans ses conclusions, 1° que
des voitures à vapeur pouvaient être mises en mouvement sur des chemins ordinaires avec une vitesse
de trois lieues à l'heure ; 2° qu'avec cette vitesse ces
voitures pouvaient transporter quatorze voyageurs ;
3° que leur poids, y compris la machine et les gens
qui en faisaient le service, était de 6,000 livres
(6,850 livres françaises); 4° qu'elles pouvaient
monter et descendre les montagnes d'une grande
inclinaison avec facilité et sûreté ; 5° qu'elles n'é-
taient dangereuses ni pour les voyageurs ni pour
les passants ; 6° qu'elles deviendraient un mode de
transport plus rapide et moins dispendieux que les
voitures traînées par des chevaux ; 7° qu'elles cau-
saient moins de dommage aux chemins que ces dernières ; 8° enfin que, pour en encourager les établissements, il y avait lieu de diminuer les droits dont
les avaient grevées plusieurs bills dans l'origine.

Sur ce rapport, les droits de péage pour les voitures
à vapeur furent fixés au même taux que pour les
voitures ordinaires. Ces encouragements portèrent
leurs fruits, et en 1834 une voiture à vapeur construite sur les données de Sir Francis Macérone fit
un voyage de Londres à Windsor dans lequel elle a
prouvé une vitesse de quatre et même cinq lieues et
demie à l'heure, en n'éprouvant d'autre accident
que celle de la rupture d'une roue, accident qui
peut arriver à toutes les voitures et auquel le moyen

locomotif était complétement étranger. Ces essais furent accueillis avec enthousiasme par la population qu'avait attirée la curiosité sur le passage de la voiture.

Des essais analogues ont été tentés en France, mais sinon avec moins de succès, du moins sans que le gouvernement ait cru devoir en autoriser l'usage. Cependant le 12 février 1835, une commission fut nommée pour vérifier les résultats d'une expérience tentée par M. d'Asda. Cette expérience eut un plein succès; car la voiture à vapeur effectua son voyage de Paris à Versailles en une heure vingt-sept minutes et son retour à Paris en une heure vingt-une minutes. La voiture de M. d'Asda portait 14 voyageurs ainsi que l'eau et le combustible nécessaires pour faire fonctionner la machine.

Cette belle expérience excita dans la population parisienne plus d'étonnement que d'enthousiasme. Espérons néanmoins qu'il en sera des appréhensions et des préjugés qui règnent aujourd'hui dans les esprits sur cette invention, comme de tant d'autres préjugés que nous avons eu l'occasion de signaler dans le cours de cet ouvrage ; espérons que la France pourra bientôt, comme l'Angleterre, profiter d'une découverte si avantageuse à l'industrie, et que, de même que chez les Anglais, notre pays sera traversé par des lignes de chemins de fer desservis par des voitures à vapeur.

8.

CHAPITRE XXXVI.

Lampe du mineur ou de sûreté. — Ponts en fil de fer.

Nous avons cru devoir parler des chemins de fer et des voitures à vapeur, avant d'autres inventions antérieures, il est vrai, et d'une importance réelle aussi, mais dont les résultats nous ont paru d'une application moins générale. Ces inventions sont celles de la lampe du mineur, des ponts en fil de fer, des fusils à piston et des puits artésiens. Les deux premières sont dues à l'Angleterre, les deux autres à des Français.

On a souvent déploré les nombreux accidents arrivés dans les mines et les houillières par suite de l'explosion causée par l'inflammation instantanée des vapeurs qui se développaient dans l'intérieur de ces mines. Long-temps aussi les chimistes cherchèrent les moyens de prévenir ces malheurs, soit en essayant de détruire les vapeurs inflammables par des combinaisons, soit en munissant les mineurs de précautions qui pussent les garantir des résultats de l'explosion. Mais de ces tentatives louables, la plupart furent vaines, les autres insuffisantes. Enfin, en 1815, un savant physicien anglais, M. Humphry Davy, observa que de simples tissus métalliques très serrés suffisaient pour intercepter la flamme et la contenir; il en conclut qu'une lampe renfermée dans un réseau métallique très fin, mettrait les mineurs à l'abri des terribles accidents auxquels ils avaient été exposés jusqu'alors. En effet, le gaz inflammable, s'il venait à se manifester dans la mine, ne s'enflammerait plus aussitôt; pénétrant la toile métallique de la lampe, il brûlerait dans le réseau sans pouvoir en sortir à l'état de flammes, et ce ne serait que lorsque la chaleur serait assez forte pour rougir le métal même, que l'explosion de la mine serait à craindre; mais le mineur, averti aussitôt de la présence du gaz redouté par l'augmentation de la lumière de sa lampe, aurait tout le temps nécessaire pour se retirer. Ces conjectures furent pleinement justifiées par l'expérience; et la lampe du mineur, ou lampe de sûreté de Davy, déjà en usage en Angleterre, sera sans doute bientôt adoptée dans toutes les mines de l'Europe.

M. Richard Lus, propriétaire d'une grande manufacture de draps en Angleterre, conçut, en 1815, l'idée de faciliter les communications d'un bord de la rivière Gala à l'autre par un pont en fil de fer; cette invention eut tout le succès désiré, et ce pont ne coûta que quarante livres sterling (960 fr. environ). Ce fut le premier pont de ce genre établi en Angleterre; aussi offrait-il de grandes imperfections; mais, depuis, les ingénieurs tant anglais que français ont perfectionné cette construction, et nous avons aujourd'hui, dans un grand nombre de départements, de très beaux ponts, et très étendus, construits en fil de fer et sur des rivières dans lesquelles il eût été très difficile et surtout très dispendieux de jeter des piles.

CHAPITRE XXXVII.

Fusil à piston. — Puits artésiens.

L'invention du fusil à percussion, ou à piston, date de 1817; elle fut due à Guillemain, armurier de Paris. Cette invention, que nous nous contentons de mentionner ici, a depuis été grandement perfectionnée dans sa construction, et tend dans ce moment à acquérir une bien grande importance, puisqu'il est question de donner à toute l'armée des fusils à piston au lieu de fusils à pierre.

Une autre découverte que nous avons à signaler est peut-être une des plus importantes dont l'humanité soit redevable à la science.

Les puits artésiens, ou fontaines jaillissantes artificielles, furent inventés en 1821 par Pécleur. C'est par ce procédé que l'on peut parvenir, dans toutes les parties de la terre, en fouillant plus ou moins profondément, à faire jaillir à la surface du sol des eaux souterraines, si limpides et si pures qu'on peut les employer aux usages les plus ordinaires de la vie. C'est à l'aide de la sonde du mineur et du fontainier qu'on a ainsi réussi à trouver des sources vives jusqu'à une profondeur de plus de 300 pieds. Cette utile découverte, déjà en pratique dans un grand nombre de localités du royaume, a rendu de grands services aux Français lors de l'expédition d'Alger.

Nous arrêtons ici notre travail. Si nous entreprenions de constater dans notre livre toutes les richesses d'inventions du 19e siècle ; nous aurions à demander à nos lecteurs et trop de temps et trop de patience. Ces découvertes d'ailleurs, toutes nombreuses qu'elles sont, ne nous apparaissent, ainsi que nous l'avons dit plus haut, que comme les conséquences des découvertes antérieures, destinées à en enfanter de nouvelles et de plus grandes.

Nous n'entreprendrons pas non plus de présenter ici en résumé le tableau de notre civilisation au 19e siècle. Les faits démontrent assez combien notre âge a profité de l'expérience des temps passés ; et la tendance des esprits vers tout ce qu'il y a d'utile et de grand prouve que les hommes du 19e siècle ne sont pas moins jaloux que leurs pères de transmettre à leurs successeurs un héritage fécond.

CHAPITRE XXXVIII.

Sucre des colonies. — Guerre de la France et de l'Angleterre. — Essai pour remplacer le sucre de canne. — Sucre de raisin, de prune, de miel, d'érable. — Sucre de betterave. — Raffinerie à Passy. — Sucre de pomme-de-terre.

L'Europe recevait tout son sucre des colonies ; les risques de la navigation, la durée du trajet, les avaries contribuaient à élever le prix de cette denrée. La France surtout se trouvait payer aux colonies étrangères un énorme tribut pour le sucre qu'elle en recevait ; la révolte de Saint-Domingue, en pri-

vant les Français de leur plus belle possession d'A-
mérique, vint doubler ce tribut déjà si considérable;
enfin les guerres de la révolution, et surtout la longue
lutte maritime que soutint Napoléon contre l'Angleterre , rompirent toutes les relations commerciales
de la France avec l'Amérique; et tels furent alors
les dangers qu'avaient à courir les armateurs du
commerce , telle fut la rareté des importations colo-
niales, que l'on vit s'élever le prix du sucre en
France, durant le blocus continental , jusqu'à six et
huit francs la livre.

Mais l'usage du sucre était déjà de première nécessité. Il fallut suppléer à l'absence de cette denrée
indispensable; le gouvernement s'adressa aux savants
pour leur demander un moyen de remplacer, par un
produit du sol français. le sucre colonial qui nous
était pour long-temps interdit. Des primes furent
promises, de nombreux essais furent tentés : on parvint à extraire de la prune, du raisin, du miel et de
l'érable , des sirops abondants qui, étant cristallisés,
fournirent des sucres qui pouvaient presque soutenir
la comparaison avec le sucre de canne ; mais ces résultats n'étaient point encore assez féconds pour
remplacer ce qu'on avait perdu.

Enfin , on se rappela les expériences faites par
Olivier de Serres au 17ᵉ siècle ; en 1747, un chi-
miste prussien, nommé Margraff, avait également
extrait un sucre assez satisfaisant de la betterave.
Les chimistes tournèrent tous leurs efforts vers cette
exploitation ; grace aux travaux du comte Chaptal,
et de MM. Mathieu de Dombasle et Delisse, nous

sommes parvenus à obtenir de la betterave un sucre aussi beau, aussi blanc, aussi doux et aussi sain que celui de canne, que nous fournissaient les colonies; et maintenant même que les obstacles qui entravaient le commerce maritime n'existent plus, les Français ont continué l'exploitation du sucre de betterave, qui se vend concurremment, et à prix égal, avec le sucre de canne.

Plus de trente fabriques de sucre de betterave sont en activité sur la surface de notre territoire. L'une des plus belles raffineries de sucre indigène a été établie, au commencement du 19ᵉ siècle, à Passy, près Paris, par M. Delessert.

On a aussi essayé, il y a quelques années, de tirer du sucre de la pomme de terre : mais ce sucre, bien que très abondant, n'a pu réussir dans le commerce, à cause d'un arrière-goût fort désagréable, que les chimistes n'ont pu lui faire perdre.

CHAPITRE XXXIX.

Médecine et chirurgie. — Lithotritie. — Orthopédie. — Établissements orthopédiques. — Invention des tablettes de bouillon, par M. Darcet.

Il n'entre pas dans le cadre modeste de cet ouvrage d'entrer dans de longs détails sur les progrès immenses que la médecine et la chirurgie ont faits de nos jours, et d'énumérer tous les systèmes divers qui ont été exposés et combattus en Europe, en commençant par le somnambulisme ou magnétisme animal, pour arriver à la doctrine homœopathique. Mais il est pourtant de grandes découvertes relatives à la chirurgie et à la médecine, qu'il n'est pas permis d'ignorer. De même qu'à propos des siècles précédents nous avons parlé de la découverte de la circulation du sang et de celle de la vaccine, nous devons encore mentionner ici deux inventions importantes, celles de la lithotritie et de l'orthopédie.

On se rappelle que ce fut au 15ᵉ siècle que se fit pour la première fois l'opération de la pierre. Cette découverte rendit de grands services à l'humanité, pendant les siècles qui suivirent ; mais l'opération était douloureuse et le malade courait parfois de grands dangers. Aussi les chirurgiens s'efforcèrent-ils à trouver un moyen de remplacer la terrible extraction de la pierre, par un procédé moins violent et moins dangereux. C'est à un chirurgien moderne, M. le docteur Civiale, qu'appartient la gloire d'avoir résolu ce problème.

En 1824, M. Civiale inventa un instrument nouveau qui, introduit dans la vessie de la même manière qu'une sonde, s'y développe à l'aide d'un ressort, saisit la pierre et la réduit en poudre. Cette opération, mise en pratique pour la première fois par son auteur en présence de médecins célèbres, réussit complétement ; depuis cette époque elle fut renouvelée sur un grand nombre d'individus avec un égal succès. On lui a donné le nom de *lithotritie,* ou broiement de la pierre.

L'orthopédie est l'art de prévenir et de corriger les difformités de la taille. On ne l'appliqua d'abord qu'aux enfants ; on l'emploie aujourd'hui, et souvent avec bonheur, sur les personnes adultes. Le premier appareil orthopédique qui date du 18e siècle est dû à Levacher de La Feutrie. Un grand nombre de villes de France, et Paris principalement, ont vu bientôt fonder des établissements de ce genre, dans lesquels on parvient à détruire les difformités de la taille soit à l'aide de mécaniques de force, pour les individus adultes, soit par des ressorts plus doux et surtout par des exercices gymnastiques pour les enfants.

Nous mentionnerons, pour terminer ce chapitre, une découverte qui, bien qu'elle ne soit pas du genre des précédentes, n'est pas sans importance : nous voulons parler de l'invention des tablettes de gélatine ou de bouillon, par M. Darcet. La gélatine est une des substances dont se composent les matières solides, et principalement les os dans les animaux. Elle se dissout facilement par l'eau bouillante, à laquelle elle donne la forme de gelée; en refroidissant, la gélatine renferme, sous un petit volume, une quantité de matière nutritive. M. Darcet trouva moyen de la solidifier en tablettes qui se conservent très long-temps, et rendit ainsi un grand service aux hôpitaux, à l'administration des armées, et surtout à la marine.

CHAPITRE XL.

Pompes à incendies. — Institution du corps de sapeurs-pompiers.—Appareil de M. Aldini.

Avant de parler de l'utile institution des pompiers, nous devons dire un mot de l'invention des pompes à incendies. Il faut remonter à la fin du 17ᵉ siècle et au commencement du 18ᵉ pour trouver ces appareils employés pour arrêter les ravages du feu.. On en fit usage à Paris pour la première fois en 1705. M. Dumouriez de Périez avait fabriqué des pompes d'après des modèles qu'il avait vus en Allemagne et en Hollande. Lorsqu'en 1705 le feu ravagea l'église du Petit-Saint-Antoine et quelques maisons du voisinage, pour arrêter les progrès de l'incendie, on eut recours aux nouvelles machines, et l'on en obtint un succès complet. Bientôt l'administration employa des fonds à l'établissement et à l'entretien, dans les divers quartiers de Paris, de pompes à incendies prêtes à fonctionner en cas de besoin. Enfin en 1722 le roi ordonna que soixante hommes exercés, vêtus d'habits uniformes, feraient le service des pompes. Telle fut l'origine de la création du corps des sapeurs-pompiers, qui ne fut militairement organisé qu'en vertu d'un décret du 18 septembre 1811. Ils furent alors armés de sabres et de fusils et reçurent une solde sur le pied du corps du génie.

Les savants et les mécaniciens se sont occupés

avec ardeur de trouver des moyens de garantir les pompiers de l'action des flammes. Des inventions nombreuses et utiles ont été le fruit de ces travaux, et chaque jour de nouveaux perfectionnements viennent offrir aux hommes qui se dévouent au bien commun des garanties de conservation. Nous citerons une de ces découvertes récentes.

M. Aldini, physicien distingué, ayant médité sur l'appareil inventé par Davy, la lampe du mineur, M. Aldini, disons-nous, imagina de fabriquer un habillement fait d'une toile métallique et recouvert d'un autre tissu d'amiante ou de laine préparée avec le sel ammoniac. A l'aide de ce vêtement, on peut traverser un feu ardent et s'y maintenir pendant près d'un quart d'heure sans être exposé aux atteintes des flammes. Des expériences tentées en public par M. Aldini lui-même ont justifié pleinement les espérances que lui avait fait concevoir son appareil.

CHAPITRE XLI.

Architecture. — Abattoirs et marchés. — Agriculture. — Fermes modèles.

C'est vers l'utilité positive et pratique, vers les commodités réelles de la vie que se dirigent sur tout les travaux des artistes et des savants au 19e siècle; l'architecture, par exemple, semble n'employer avec bonheur ses compas et ses lignes que pour créer, dans des proportions élégantes, des marchés, des abattoirs.

On désigne sous le nom d'abattoirs des lieux où l'on abat, où l'on assomme les bœufs, et où l'on égorge les veaux et les moutons. Ce fut en 1810 que l'administration municipale de Paris, en fondant les abattoirs, défendit aux bouchers de tuer désormais chez eux les animaux destinés à la consommation. Cette interdiction a fait disparaître à la fois de Paris et le hideux spectacle du sang ruisselant dans les rues, et les dangers des émanations fétides qu'exhalaient les tueries des bouchers, et les périls plus grands et plus multipliés encore auxquels était exposée la population lorsqu'un bœuf mal attaché, ou frappé par un bras faible ou peu habile, venait à rompre ses liens, et se ruait avec fureur contre tout ce qui se trouvait sur son passage.

Les abattoirs de Paris sont au nombre de cinq. Leur construction est simple mais élégante. On a réuni dans ces établissements tout ce qui peut garantir la salubrité ainsi que la sécurité des quartiers voisins. Isolés des habitations et placés à la proximité des barrières, les abattoirs sont fermés de fortes grilles qui défendent les issues et préviennent les accidents qui pourraient résulter de la fuite des animaux manqués par le boucher.

Malgré les avantages qu'offre l'établissement des abattoirs, peu de villes ont jusqu'ici suivi l'exemple de la capitale. Espérons que l'administration ne tardera pas à en fonder dans les principales villes des départements ;

Les nouveaux marchés de Paris et les greniers d'abondance se rapprochent par leur architecture de la construction des abattoirs.

Ce fut M. Bonneau, de la Brosse, qui fonda à la Brosse, dans le département de l'Indre, la première ferme expérimentale qui doive être citée. Depuis cette époque de nombreuses fondations de fermes ont eu lieu : nous placerons au premier rang la ferme de Grignon et l'institut de Roville. Comment ne pas concevoir les plus brillantes espérances sur le sort de l'agriculture en France, lorsqu'on voit tant d'hommes riches et instruits consacrer à l'amélioration du sol leur fortune et leur travail, propager avec une noble ardeur les saines théories que leur révèlent leurs expériences de chaque jour ?

CHAPITRE XLII.

Suite de l'agriculture ; mûriers et vers à soie aux environs de Paris. — Tableau des localités d'où proviennent la plupart des plantes usuelles.

Après avoir parlé des fermes-modèles, il nous est impossible de passer sous silence un essai des plus importants peut-être par ses résultats futurs ; nous voulons parler de la culture du mûrier dans les contrées septentrionales de l'Europe et notamment aux environs de Paris.

Des expériences faites récemment dans les départements du Jura et de l'Allier ayant démontré que la culture du mûrier pouvait réussir ailleurs que dans

9.

les provinces méridionales, le gouvernement, en 1826, fit l'acquisition du château et de la ferme *des Bergeries*, près Montgeron, département de Seine-et-Oise, et confia ce domaine à M. Émile de Bauvais, savant distingué, pour y tenter des essais de plantations de mûriers, et pour s'y occuper de l'éducation des vers à soie. Cette tentative a jusqu'à ce jour été justifiée par le succès ; et M. Émile de Beauvais a déjà pu présenter des échantillons qui peuvent rivaliser avec les plus belles soies du midi. Nous ne savons pas si cet exemple a trouvé des imitateurs ; mais en présence des beaux résultats obtenus au domaine des Bergeries, nous devons espérer que cette expérience ne sera pas perdue pour les propriétaires et les agriculteurs, et que nous verrons bientôt ces sortes de plantations se multiplier sur une plus grande échelle.

Une considération importante à faire valoir en outre pour encourager la culture du mûrier dans le nord, c'est qu'indépendamment des avantages qu'offre cet arbre pour la fabrication de la soie, on peut cultiver le mûrier en bois taillis, pour en retirer d'excellents échalas et des perches propres à servir de tuteurs et à faire des treillages. Les troncs se débitent en planches dont on fait des futailles, surtout pour le vin blanc, qui en reçoit une saveur agréable et particulière.

Nous terminerons en présentant à nos lecteurs un tableau résumé des localités dont surviennent originairement un grand nombre de fruits et de végétaux connus et répandus aujourd'hui en Europe.

L'abricot provient. . . de l'Arménie.
L'acacia. . . . . de Barbarie, en 1670.
L'ail . . . . . . du Levant.
Les amandes. . . . de Mauritanie.
L'ananas. . . . . de l'Amérique.
L'anis. . . . . . d'Égypte.
L'artichaut . . . . de Sicile et d'Anda-
lousie.
L'asperge. . . . . de l'Asie.
La bourrache. . . de Syrie.
Le café . . . . . de l'Arabie et des An-
tilles.
La capucine. . . . du Mexique et du Pérou
La carde. . . . . d'Italie.
La carotte . . . . de France.
Le céleri. . . . . de France.
Le cerfeuil. . . . d'Italie.
La cerise. . . . . du Pont.
Le chanvre et le lin. de l'Asie.
La châtaigne . . . de Sardes (en Lydie).
Le chou-fleur . . de Chypre.
Le chou rouge et le
chou vert. . . . des Romains qui les
avaient reçus des
Égyptiens.
Le citron. . . . . de la Médie.
La citrouille. . . . d'Astracan.
Le coing. . . . . de l'Asie.
L'épinard . . . . . de l'Asie-Mineure.
La figue. . . . . de la Mésopotamie.
La fraise-ananas . . de la Louisiane.

La framboise. . . . de France.
Le froment. . . . de l'Asie.
La grenade. . . . de l'Asie.
Le haricot. . . . de l'Inde.
Le houblon. . . . de l'Artois.
Le jasmin. . . . des Indes-Orientales.
La laitue. . . . . de Cos.
Le laurier. . . . de Crète.
La lentille. . . . de l'Asie.
La luzerne . . . . de l'Asie.
Le melon. . . . d'Afrique.
Le navet. . . . . de France.
Les noisettes. . . . du Pont.
La noix. . . . . de l'Asie.
Les oignons. . . . d'Egypte.
Les olives . . . . de Grèce.
Les oranges. . . . de Tyr.
La pêche. . . . . de Perse.
La poire. . . . . de France.
La pomme. . . . de Neustrie.
La pomme reinette. de Syrie.
Le pomme de terre. de l'Amérique.
La prune . . . . de Syrie.
La renoncule . . . du Levant.
Le riz. . . . . . de l'Orient.
Le blé sarrazin. . . de l'Asie.
Le seigle. . . . . de Tartarie.
Le thé . . . . . de la Chine et du Japon.
Le topinambour . . de l'Amérique.

FIN.

TABLE

DES MATIÈRES.

PREMIÈRE PARTIE.

DEUXIÈME PARTIE.

TROISIÈME PARTIE.

FIN DE LA TABLE.